流域可视化多分辨率大场景模型技术研究

李小根　著

中国水利水电出版社
www.waterpub.com.cn

内 容 提 要

本书针对流域原始 DEM 地形海量数据进行精简，并对流域的遥感影像进行融合处理，达到流域信息系统实时交互运行的目的。其中对流域 DEM 地形应用实时动态分层精简的方法进行分层细化处理，达到精简 DEM 网格的目的。同时，对流域遥感影像进行融合处理，达到增强遥感影像信息的目的。并对流域三维大场景模型的实时交互问题进行了深入研究和分析，应用了内存影射文件技术和缓存技术，为流域大场景建模和实时交互运行提供了有效的方法。

本书适合水利水电工程技术人员阅读，以及高等院校有关师生参考。

图书在版编目（CIP）数据

流域可视化多分辨率大场景模型技术研究／李小根
著. —北京：中国水利水电出版社，2013.8
ISBN 978 - 7 - 5170 - 0997 - 9

Ⅰ.①流… Ⅱ.①李… Ⅲ.①流域模型 - 研究 Ⅳ.
①P344

中国版本图书馆 CIP 数据核字（2013）第 145863 号

书　　名	流域可视化多分辨率大场景模型技术研究
作　　者	李小根　著
出 版 发 行	中国水利水电出版社（北京市海淀区玉渊潭南路 1 号 D 座　100038） 网址：www. waterpub. com. cn E - mail：sales @ waterpub. com. cn 电话：(010)68367658(发行部)
经　　售	北京科水图书销售中心（零售） 电话：(010)88383994、63202643、68545874 全国各地新华书店和相关出版物销售网点
排　　版	北京金奥都科技发展中心
印　　刷	北京纪元彩艺印刷有限公司
规　　格	184mm×260mm　16 开本　9.75 印张　231 千字
版　　次	2013 年 8 月第 1 版　2013 年 8 月第 1 次印刷
印　　数	0001—1000 册
定　　价	**30.00 元**

前　　言

　　水利工程三维景观模型的构建理论与处理技术是当前该领域重点关注的问题。本书针对原始地形海量数据进行分层细化处理，对流域三维大场景模型的实时交互绘制问题，进行了深入研究和分析。应用实时动态格网层次处理技术对原始 DEM（Digital Elevation Model）地形数据进行实时动态分层精简。同时，应用基于边缘信息检测的 IHS［Intensity（亮度）、Hue（色度）、Saturation（饱和度）］变换融合方法对原始遥感影像进行融合处理，将改进的方法应用在水利地理信息系统平台研究中，取得了令人满意的运行效果。

1. 实现了原始地形数据实时动态分层处理

　　应用实时动态格网层次处理技术对 DEM 重要区域进行了高分辨率精简，对次重要区域进行了低分辨率精简，形成了多分辨率多层次的 DEM 数据结构，克服了计算机在绘制海量数据时，出现的停顿、闪烁等不良现象。在保证 DEM 重要区域精度的条件下，加快了计算机绘制三维景观模型的速度，满足了三维可视化实时交互的需求。

2. 得到了信息丰富的遥感图像

　　应用基于边缘信息检测的 IHS 变换融合方法对原始的 SPOT（地球观测系统）影像和 Landsat TM（陆地资源卫星）影像进行处理过程中，应用罗伯特算子对亮度分量 I 和 SPOT 影像进行检测计算，产生新的亮度分量 I′，将分量 I′ 和色度 H、饱和度 S 进行反变换计算，得到了信息丰富的遥感图像，避免了传统遥感影像融合方法受波段数目限制和信息丢失等因素的影响，满足了信息管理的需要。

3. 实现了模型的实时交互绘制

　　将多分辨率的地形模型和处理后的遥感影像模型应用在实际生产中，实现了三维景观模型的实时交互绘制，并及时消除了冗余数据，加快了计算机的运行速度，为流域大场景的复杂建模提供了有效的方法。

　　技术在不断进步，用户的要求在不断提高，社会上各个应用领域对地理信息系统的需求也在不断提出新的标准，但在实际应用中还有诸多的困难需要解决。本书的研究工作仅仅是一个基础性研究，还有许多新的技术问题需要探索解决的方法。

　　本书在编写过程中广泛参阅了国内外该领域的有关会议论文集和有关论著、学术报告等（在参考文献中未能一一列举）。在此，对各方面的大力支持一并表示衷心的感谢！

　　由于作者水平所限和时间仓促，书中难免有错讹，不足之处敬请读者批评指正。

作者

2013 年 4 月

目　　录

第一章 数字地球

第一节 数字化概念

数字地球是一个以地球坐标为依据的、具有多分辨率的海量数据和多维显示的地球虚拟系统。数字地球被看成是"对地球的三维多分辨率表示、它能够放入大量的地理数据",是关于整个地球、全方位的地理信息系统（Geographical Information System，GIS）与虚拟现实技术（Virtual Reality，VR）、网络技术（Network）相结合的产物。

数字地球，是美国前副总统戈尔于1998年1月在加利福尼亚科学中心开幕典礼上发表的题为"数字地球：认识21世纪我们所居住的星球"演说时，提出的一个与地理信息系统、网络、虚拟现实等高新技术密切相关的概念。在演讲报告中，他将数字地球看成是"对地球的三维多分辨率表示、它能够放入大量的地理数据"。戈尔的数字地球是关于整个地球、全方位的地理信息系统与虚拟现实技术、网络技术相结合的产物。显然，面对如此一个浩大的工程，任何一个政府组织、企业或学术机构，都是无法独立完成的，它需要成千上万的个人、公司、研究机构和政府组织的共同努力。数字地球要解决的技术问题，包括计算机科学、海量数据存储、卫星遥感技术、宽带网络、互操作性、元数据等。可以预见，随着地球空间信息学的发展而建立起的数字地球，必将促进测绘事业的现代化，为测绘事业与整个国民经济的发展建立更加紧密的联系，作出更大的贡献，在未来的知识经济社会中产生巨大的经济效益和社会效益。

1998年江泽民总书记在接见两院院士代表时的讲话中指出："当今世界，以信息技术为主要标志的科技进步日新月异，高科技成果向现实生产力的转化越来越快，初见端倪的知识经济预示人类的经济社会生活将发生新的巨大变化"。以理解对真实地球及其相关现象统一的数字化重现和认识，其核心思想是用数字化的手段来处理整个地球的自然和社会活动诸方面的问题，最大限度地利用资源，并使普通百姓能够通过一定方式方便地获得他们所想了解的有关地球的信息，其特点是嵌入海量地理数据，实现多分辨率、三维对地球的描述，即"虚拟地球"。通俗地讲，就是用数字的方法将地球、地球上的活动及整个地球环境的时空变化装入电脑中，实现在网络上的流通，并使之最大限度地为人类的生存、可持续发展和日常的工作、学习、生活、娱乐服务。严格地讲，数字地球是以计算机技术、多媒体技术和大规模存储技术为基础，以宽带网络为纽带运用海量地球信息对地球进行多分辨率、多尺度、多时空和多种类的三维描述，并利用它作为工具来支持和改善人类活动和生活质量。

美国副总统戈尔于1998年1月21日提出了数字地球的概念之后，中国学者特别是地学界的专家认识到"数字地球"战略将是推动我国信息化建设和社会经济、资源环境可持续发展的重要武器，于1999年11月29日至12月2日在北京召开了"首届国际'数字地球'大会"。从此之后，与数字相关相似的概念层出不穷。"数字中国"、"数字省"、"数字城市"、"数字化行业"、"数字化社区"等名词不断出现，成了当时最热门的话题之一。许多省、市把它作为"十五"经济技术发展的一个重要战略来抓。

"数字城市"是以计算机技术、多媒体技术和大规模存储技术为基础，以宽带网络为纽带，运用遥感（Remote Sensing, RS）、全球定位系统（Global Positioning System, GPS）、地理信息系统、遥测、虚拟现实等技术，对城市进行多分辨率、多尺度、多时空和多种类的三维描述，即利用信息技术手段把城市的过去、现状和未来的全部内容在网络上进行数字化虚拟实现。

"数字城市"是"数字中国"的重要组成部分。数字中国地理空间框架是国民经济和社会信息化的基础平台，数字城市地理空间框架是"数字中国"地理空间框架的重要组成部分和优先建设任务，加快数字城市建设是转变基础测绘服务方式、提升基础测绘服务能力的重要举措。为贯彻落实党中央、国务院的重要指示精神，加快推进信息化建设，促进信息资源的共享整合与高效开发利用，切实履行测绘部门政府职能，国家测绘地理信息局明确把构建数字中国地理空间框架作为当前和今后一个时期测绘工作的重要任务，从立法、规划、政策与技术标准制定等方面入手，以数字城市地理空间框架建设为抓手，全面展开了数字中国地理空间框架建设。

一、数字城市地理空间框架建设的重要意义

城市是经济社会发展最活跃、发展最快速、信息最丰富、资本最集中的区域，也是对地理信息需求最旺盛、更新要求最快、分辨率要求最高的区域。加快推进数字城市地理空间框架建设对于测绘服务于城市信息化建设、城市管理科学化、方便百姓生活等方面具有积极的促进作用。

（1）加快推进数字城市地理空间框架建设是加快经济社会信息化的迫切需要。大力推进经济社会信息化，是我国现代化建设的战略性举措。人类社会的各类信息绝大部分都与地理空间位置相关，加快经济社会信息化建设，促进信息资源的广泛共享和互联互通，需要统一、标准、权威的地理空间载体提供支撑。加快推进数字地理空间框架建设，对于集成、整合和共享自然、社会、经济、人文、环境等各类信息，避免数字孤岛，促进信息资源开发利用，避免重复建设都具有十分重要的作用。相对其他地区而言，城市地区经济活跃、发展快速、信息丰富、资本集中。加快推进数字城市地理空间框架建设，是健全数字地理空间框架、推进城市信息化加快发展的迫切需要，是推进国民经济和社会信息化的重要内容和基础保障。

（2）加快推进数字城市地理空间框架建设是促进城市管理科学化的客观要求。数字城市地理空间框架为认识物质城市打开了新的视野，在地理信息基础上叠加专业信息，可以实现对经济、社会和人文信息的空间统计分析和决策支持，使城市管理和服务空间化、精细化、动态化、可视化，将管理和决策立足于具有综合集成能力的现实的观测信息，提高管理的科学性、时效性和准确性。在数字城市地理空间框架的支持下，城市管理工作能够在每个地方、每个时段准确覆盖，实现由部件管理到事件管理、由粗放管理到精细管理、由多头管理到统一管理、由被动管理到主动管理转变，以实现精确、快速、高效的城市管

理，有利于整合政府资源，节约行政成本，克服过去管理不到位的弊端，不仅可以推动管理手段的现代化，而且能够确保管理决策的科学化，从而大大提高城市管理效率和水平。

（3）加快推进数字城市地理空间框架建设是服务民生的重要举措。基于城市地理信息公共平台的电子政务服务系统，加强了政务服务提供者和使用者之间的沟通和互动，为城市相关部门通过网络为广大市民和企业服务提供了新途径，带来信息化生活的新体验。通过数字城市地理空间框架建设形成权威、标准、统一的城市地理信息公共平台，人们可以从不同角度、全方位地了解城市社会经济发展和建设情况，可以方便及时查找到与日常生活密切相关的衣、食、住、行等方面信息，极大地提高人们生活质量，是构建社会主义和谐社会的客观需要和重要途径，是服务民生的重大举措。

二、数字城市地理空间框架建设的主要任务

建设数字城市地理空间框架，利用现代地理信息技术整合城市信息资源，促进城市地理信息资源的统筹开发与利用，为城市科学管理与决策提供支撑，对于提升城市软实力、推进经济结构调整、增强可持续发展后劲将产生积极的推动作用。"十一五"期间，国家测绘地理信息局启动了数字城市建设工作，"十二五"将进一步加大数字城市的建设力度，全面推广数字城市建设，力争"十二五"末基本完成全国地级市数字城市建设工作，形成互联互通的数字城市地理空间框架网络，为城市经济社会发展和信息化建设以及市民生活提供可靠、适用、及时的地理信息服务，并逐步实现与省、国家的上下贯通，相邻区域的横向互联，伴随着互联网的发展走向智能化，最终实现全国"一张图、一个网、一个平台"。其主要任务包括：

（1）丰富城市基础地理信息资源。建立测绘部门和各经济建设部门尤其是掌握地理信息资源的部门之间有效的基础地理信息共建共享机制，逐步建成包括大地测量控制、地形、地貌、地名、交通、水系、境界、地籍、城市综合管网、门牌地址、房产、规划、地理编码等基本要素信息的城市基础地理信息数据库。开发高效的时空数据库引擎，支持多类型、海量的时空数据管理与分析，实现历史数据和现势数据的关联，形成完善的城市基础地理信息数据库体系。建立分工明确、相互配合的基础地理信息数据获取方式，不断提高基础地理信息的现势性。

（2）建设城市地理信息公共平台。针对基础地理信息在线服务的需求，推动测绘部门同相关部门的合作，在城市基础地理信息数据库的基础上，建成统一的、权威的、标准的地理信息公共平台，提供二维地图、三维地图、地理编码和数据应用分析等基本服务；提供标准服务接口，供有关部门叠加专业信息，实现地理信息与城市其他经济社会、自然资源和人文信息的互联互通与整合集成应用。依托国家网络通信基础设施，建立覆盖全国的基础地理信息数据交换体系和信息安全监测系统，逐步推进各城市地理信息公共平台、城市基础地理信息数据交换中心与同级政府数据交换中心互联互通，各有关部门和测绘部门要实现信息交换与共享的城市基础地理信息数字交换中心。

（3）推动数字城市地理空间框架广泛应用。确立和强化数字城市地理空间框架的权威性和唯一性，从机制和政策上保证政府各部门建设的以地理信息为基础的信息系统，全部采用符合国家标准的基础地理信息数据，全部采用测绘部门提供的基础地理信息公共平

台，避免重复投入，杜绝随意建设，确保地理信息公共平台在政府相关部门充分利用。在数字城市地理空间框架建设中，要着力开发并维护各类服务于党政领导机关和相关部门的辅助决策系统。针对各种基本需求，开发公益性地理信息服务网站，为市民出行、购物、旅游、商务等各种活动等提供专业、及时、贴心的地理信息服务，使之成为市民日常生活不可缺少的助手。在妥善处理基础地理信息利用与保密关系基础上，鼓励对数字城市地理空间框架进行增值开发和提供商业化服务，更好地满足社会的多样化需求。

三、数字城市地理空间框架建设的工作进展

"十一五"以来国家测绘局组织开展了数字城市地理空间框架建设工作，得到了各省级测绘主管部门和许多城市人民政府的积极响应，在各级政府的大力支持和各级测绘部门的通力合作下，数字城市地理空间框架建设工作取得重大进展，已在城市管理、政府决策和服务民生等方面发挥重要作用，为城市发展低碳经济、提高信息化水平和社会管理水平、方便人民生活提供了有力的支撑。

（一）数字城市地理空间框架建设的整体进展情况

2005 年，国家测绘局提出了数字城市地理空间框架建设工作。2006 年，在财政部的大力支持下，国家测绘局启动了"数字区域地理空间框架建设示范"基础测绘项目。几年来，已分批在全国 34 个省、自治区、直辖市遴选 112 个直辖市的区、地级城市和个别县级市开展了数字城市地理空间框架建设。同时，建立了国家、省和城市人民政府三级基础地理信息共建共享机制。国家测绘局在政策、标准、总体设计、航空摄影、公共平台建设、国家基础测绘成果使用及系统集成等方面予以支持；负责组织项目竣工验收。省级测绘行政主管部门指导项目建设工作；负责项目进度与质量的管理和监督；在基础资料提供、技术设计以及项目组织协调等方面给予了支持。城市人民政府负责项目的组织实施和项目主要经费的落实；负责项目建设和成果的推广应用；负责建立地理信息公共平台的长效运行机制，对平台的管理、维护与更新提供了相应的保障。

目前，山西省太原市、湖北省潜江市、浙江省嘉兴市、黑龙江省齐齐哈尔市 4 个试点城市已经通过了国家测绘地理信息局组织的验收。山东省临沂市、聊城市、烟台市，广东省佛山市、惠州市，陕西省西安市，四川省德阳市近 20 个城市已经通过了省级测绘行政主管部门组织的预验收，且已基本达到了验收条件。北京市西城区、河南省平顶山市、湖南省郴州市、甘肃省白银市、青海省西宁市、内蒙古自治区包头市、福建省莆田市近 30 个城市已经完成了地理信息公共平台的建设。

（二）数字城市地理空间框架建设工作的成效

在国家测绘局统一组织领导下，数字城市地理空间框架建设所在省级测绘行政主管部门与城市人民政府密切配合，各项工作稳步推进，亮点频出。在完成地理空间框架建设的基础上，开展了包括规划、国土、城管、公安等 15 个领域总计约 300 多个应用专业部门示范，在城市科学决策、精细管理、服务民生和调整结构等方面真正了发挥了"强决策、兴产业和惠民生"的重要作用，为推动城市信息化建设做出了贡献，实现了夯实基础、巩固地位、强化职责、锻炼队伍、强化监管的目的。数字城市建设工作得到省级测绘行政

主管部门和许多城市人民政府的积极响应由点到面，逐渐铺开，为相关城市政府的科学决策和管理提供了有力的支撑，实现了城市地理信息资源的统筹开发与利用，发挥了测绘工作为扩大内需、促进经济增长的保障服务作用，为加快信息化建设，加快现代化建设起到了积极作用。数字城市地理空间框架建设工作成效显著，主要表现在：

（1）对促进城市的科学决策和发展起到了重要的支撑作用。据相关城市的政府部门反映，使用基于地理信息公共平台的应用系统，使有关业务工作的效率普遍提高3倍以上，大大提高了政府部门决策的科学性，是常规工作手段难以比拟和做到的。

（2）在扩大内需、促进经济增长方面带动作用明显。据不完全统计，通过实施项目，已带动各地在基础地理信息数据生产、高新技术设备配置及应用系统建设等方面投入约12亿元。

（3）夯实了城市信息化基础，促进了地理信息资源的统筹开发利用。目前，数字城市建设工作获取了建设城市的高分辨率航空摄影和卫星影像，极大地丰富了城市地理信息资源，建设并完善了城市基础地理信息数据库。从根本上解决了这些城市地理信息资源匮乏的问题，夯实了城市信息化的基础。

（4）改变了测绘服务模式，提高了测绘保障服务水平。城市地理信息公共平台的建设和运行，改变了测绘部门以往只提供资料数据的粗放型服务模式，拉近了测绘工作服务于地方政府、服务于城市经济建设的距离。

（5）建立了国家、省、市三级政府部门共建共享模式。试点工作开创了国家测绘地理信息局、省级测绘主管部门、城市人民政府合作共建、成果共享、各有侧重的项目管理实施模式，充分发挥了各方的技术优势、资源优势和管理优势。

（6）形成了较为完善的标准、技术和软件体系。制定完善了《数字城市地理空间框架建设规范》和《数字城市地理空间框架应用规范》等纲领性技术文件；形成了《数字城市地理空间信息公共平台技术规范》等20余项国家标准和10余项行业标准，用于数字城市建设应用的系列软件已形成产品。

（7）培养了一批高层次人才队伍。通过数字城市建设的实践，一批技术人才和管理人才得到了锻炼、增长了才干，形成了一批数字城市、数字中国建设技术骨干。

（三）数字城市地理空间框架建设的下步工作重点

经过多方共同努力，数字城市地理空间框架建设工作渐入佳境，进入了跨越式发展阶段，大范围、大规模在全国进行推广的条件已经成熟。国家测绘地理信息局党组果断决定，乘势而上，全面加快数字城市地理空间框架建设，将数字城市地理空间框架建设工作整体上从试点全面转入推广，推广工作重点向省级测绘行政主管部门转移。全面推进数字城市地理空间框架建设与应用，促进城市地理信息资源的统筹开发与利用，进一步提升测绘为经济建设主战场服务的能力，成为测绘部门推动事业科学发展的又一项重要战略举措。

国家测绘地理信息局明确将数字城市地理空间框架建设当作推动测绘事业加快发展的"牛鼻子"工程来抓，确定了工作思路和建设目标。基本思路是：坚持"政府主导、统筹规划，需求牵引、科技推动，统一标准、资源共享，注重应用、平衡发展"的原则，完善建设与管理的政策机制，加快数字城市地理空间框架建设，加大推广应用工作力度，为城市信息化建设和又好又快发展提供权威、标准的地理信息公共平台。建设目标是：形成完善的数字城市地理空间框架建设、管理与应用服务机制；建立科学、适用的技术和标准体系；培养建设国家、省、城市各有侧重、专长的技术人才队伍。到"十一五"末，在建设方面，完成或基本完成120个左右城市的数字地理空间框架建设，建立城市权威统一的地理信息公共平台；"十二五"末完成全国地级市和有条件县级市的数字地理空间框架的建设。在应用方面，已完成数字地理空间框架建设的城市，必须建立公众服务系统，政府部门以公共平台为基础，广泛建立业务管理应用系统。开展数字省区试点。在已经出台的"数字省区地理空间框架建设技术大纲"基础上，启动数字省区建设试点，加快推进国家、省区、市（县）的互联互通，力争"十二五"末基本建成数字中国地理空间框架。

国家测绘地理信息局将继续对建设城市在政策标准、航空摄影、公共平台建设、国家基础测绘成果使用等方面予以支持，全面免费配发平台软件；进一步扩大试点范围，对已建城市在影像数据获取方面给予长期支持，优先考虑配套无人机航摄系统装备。加大宣传力度，深入开展数字城市建设系统性专题宣传活动，营造良好的社会氛围和发展环境，不断提升测绘工作的社会影响力。

从以上资料综合来看，国家各个层面力量已经全面投入到"数字中国"、"数字城市"工作中，而数字中国是中国信息化的制高点，构建数字中国，是推动国民经济和社会信息化进程，促进经济又好又快发展的战略选择。数字城市是数字中国的重要组成部分和优先建设内容，建设数字城市可为建设数字中国奠定基础、积累经验。近年来，国家测绘地理信息局高擎构建数字中国的大旗，以数字城市地理空间建设为抓手，全面推进数字中国地理空间框架建设。自2006年启动数字城市地理空间框架试点工作以来，国家测绘地理信息局已在全国遴选出的近120个城市中开展了数字城市试点和推广工作，形成了我国数字城市建设欣欣向荣、遍地开花的大好局面。特别是数字城市建设的社会化应用成果丰硕，在国民经济和社会发展的各个领域生根开花，为推动经济社会又好又快发展、促进社会和谐稳定发挥出重要的作用。

构建数字中国地理空间框架抢占中国信息化建设制高点，数字中国从酝酿提出到热潮涌动，已走过10余年的历程。早在1998年下半年，国家测绘地理信息局就开始组织有关专家学者对数字中国建设进行研究。2003年，胡锦涛总书记在中央人口资源环境工作座谈会上对测绘工作作出的重要批示中，第一次明确提出推进"数字中国地理空间框架建设"，为测绘工作指明了努力方向。

为贯彻中央的重要指示，给数字中国建设营造一个良好的发展环境，国家测绘地理信息局和国务院信息化办公室于2006年联合印发了《关于加强数字中国地理空间框架建设与应用服务的指导意见》，要求加快数字中国地理空间框架建设，促进地理信息资源开发、整合、共享和应用，更好地为国民经济和社会信息化服务。

国家测绘地理信息局在以往工作成果的基础上，加大人力、财力和物力投入，加快构建数字中国地理空间框架的步伐。建设和更新了国家测绘基准体系，建成了由约4.8万个控制点组成的国家平面控制网，由约22万km水准路线组成的国家高程控制网，由2500余个控制点组成的国家高精度卫星定位控制网，由259个重力点组成的国家重力基本网。经国务院批准，自2008年3月起采用2000国家大地坐标系。获取了覆盖全部陆地国土的卫星影像和超过80％陆地国土的航空影像。测绘和更新了国家基本比例尺地形图，其中1:100万、1:50万、1:25万、1:10万地形图已覆盖全部陆地国土；1:5万和1:1万地形图分别覆盖陆地国土约84％和47％；1:5000、1:2000或更大比例尺地形图基本覆盖了全国城镇地区。建成了一批基础地理信息数据库，其中全国1:400万、1:100万、1:25万、1:5万基础地理信息数据库和国家大地测量数据库已经建成，并开展了数据库更新工作。这些国家重要的基础地理信息，为政府管理决策、加强宏观调控、重大工程论证规划等提供了丰富的基础地理信息数据。

与此同时，作为数字中国的基础和重要组成部分的数字省区建设取得重要进展，全国大部分省（自治区、直辖市）明确了数字省区建设的总体目标和任务。数字省区建设由政府主导，相当一部分省（自治区、直辖市）政府领导同志担任领导小组组长，各地测绘部门在数字省区实施中发挥了重要作用。各地政府不断加大投入力度，一批1:1万和大比例尺基础地理信息数据库已经建成，并进行了适时更新，为省（自治区、直辖市）发展规划制订、重大工程实施、生态环境保护、防灾减灾等提供了有力支撑。

数字城市建设需求迫切，在国家测绘地理信息局的统一部署下迅速展开，成为数字中国建设重要的组成部分和优先任务。

数字城市建设试点逐渐铺开渐入佳境，2005年，国家测绘地理信息局提出了开展数字城市地理空间框架建设的构想。2006年，在财政部的大力支持下，国家测绘地理信息局启动了数字区域地理空间框架建设示范基础测绘项目。当年开展了第一批试点，四川省德阳等7个城市成为第一批试点城市，2007年开展了第二批试点，郑州、佳木斯等23个城市成为第二批试点城市。各试点城市热情高涨，积极投入资金，大力加强城市地理信息资源建设。

国家测绘地理信息局高度重视数字城市建设，多次专门开会研究部署。要求测绘部门要高度重视数字城市建设工作，务必当作"牛鼻子"工程来抓，要用最快的速度、最有效的方式建设数字城市，边建设边完善，边应用边提高，加快构建数字中国的步伐。在国家测绘地理信息局统一组织领导、大力推动下，相关省级测绘行政主管部门与城市人民政府密切配合，数字城市建设由点到面，逐渐铺开，稳步推进，亮点频出，成果颇丰。建成了一批城市的基础地理信息数据库，初步扭转了城市管理与信息化建设中地理信息资源匮乏的局面；建成了一批城市地理信息公共服务平台，实现了地理信息与城市其他经济社会、自然资源和人文信息的互联互通与整合集成应用，促进了信息共享和开发利用；建成了一批城市交通管理、市政服务、地下管网、公安消防、人口管理、旧城改造、土地管理、应急联动等方面的基于地理空间位置的管理信息系统，促进了城市科学决策管理，方便了人民群众生活。数字城市建设成果广泛应用，并在推动地理信息产业发展、提供公众服务等方面进行了有益尝试，在促进科学决策、精细管理、高效服务、节能低碳等方面发挥了积极作用，提高了城市的信息化水平和社会管理水平，方便了人民群众的工作生活。

为了充分发挥科技创新的支撑和引领作用，数字城市建设开展了联合技术攻关，在城市基础地理信息三维数据采集与建模、公共平台数据整合与服务等关键技术上，实现了突破和创新，几个重要软件系统相继开发完成，为试点城市地理空间框架建设和公共平台的稳定运行，提供了可靠的技术保障。为了确保建设成果的标准化和权威性，国家测绘地理信息局陆续发布了《数字城市地理空间信息公共平台技术规范》、《地理空间框架基本规定》、《地理信息公共平台基本规定》、《基础地理信息数据库基本规定》、《关于加强数字中国地理空间框架建设与应用服务的指导意见》、《数字省区地理空间框架建设技术大纲》、《数字城市地理空间框架建设试点技术大纲》、《国家地理信息公共服务平台技术设计指南》等一系列技术标准和技术大纲，基本形成了数字城市地理空间框架建设的标准体系。

5 年过去了，在国家测绘地理信息局、各省级测绘行政主管部门和相关城市政府的大力支持下，我国数字城市建设蓬勃健康发展，形势十分喜人，数字城市已从星星之火到遍地开花。国家测绘地理信息局已分批在全国 34 个省、自治区、直辖市中遴选出的近 120 个城市，开展数字城市地理空间框架建设，超过了我国地级市数量的三分之一。其中，黑龙江省齐齐哈尔市，四川省德阳市，陕西省西安市，山东省聊城市、烟台市、威海市，甘肃省白银市，河南省平顶山市，湖南省郴州市，广东省惠州市、佛山市，福建省莆田市，青海省西宁市，内蒙古自治区包头市等近 30 个城市已基本完成了数字城市建设。山西省太原市、湖北省潜江市、浙江省嘉兴市、黑龙江省齐齐哈尔市、山东省临沂市 5 个城市已经通过了国家测绘局组织的验收，成为全国数字城市建设示范市。5 个省政府、市政府都组织召开了现场推广会，明确要求在全省、全市范围内全面推广。

数字城市建设取得的显著成效，可概括为 7 个第一次。一是第一次将测绘项目上升为"市长工程"，显著提升了测绘工作的地位。各地市政府纷纷向省级测绘主管部门申请成为建设试点城市，市长出面签署国家、省、市三家共建共享协议，要求在全市广泛推广地理信息公共平台应用。二是第一次通过项目带动了市（县）测绘机构建设，临沂市成立了测绘与地理信息局，郑州、潜江、太原、嘉兴、烟台、温州、鄂州、聊城等 30 多个城市分别成立了测绘管理局或市地理信息中心。三是第一次打破了数据尺度上的分割，促进了地理信息共享，在航空摄影方面，国家、省级测绘行政主管部门和地方人民政府联动，实现了一次数据获取、三方共享的机制，避免了重复建设，节约了政府财政资金，形成的最终测绘成果三方共享，打破了人为的基础地理信息数据尺度上的分割，促进了数据资源的广泛共享和充分利用。四是第一次在数字城市领域大幅度扩大了测绘部门的影响，测绘部门的主导地位得到了社会各界的认可。五是第一次实现由党委、政府主要领导自己动手在线使用地理信息辅助决策，公共平台通过政务网直接联通到书记、市长办公室，通过门户可以便捷使用，为党委、政府精准掌握市情提供了科学的工具，可以更好地在空间上精打细算，集成了多种专题信息，支撑了政府在重大项目审批、选址、方案优选等方面的科学决策。六是第一次在数字城市领域全方位、多层次培养人才队伍。通过参加数字城市实践和举办培训班、开设专题研究生班等形式，为数字城市、数字中国建设培养了一批技术骨干。七是第一次直接拉动内需、吸引投资约 12 亿元，且以测绘部门为主承担。

乘势而上，全面启动和实施国家推广计划。自 2006 年开始数字城市建设试点以来，在经过两年的探索和多方共同努力，数字城市地理空间框架建设渐入佳境，取得了阶段性成果，作用和效益日益显著，大范围、大规模在全国全面推广试点经验和成果，加快框架建设进程，促进地理信息公共平台在更大范围和更深层次上应用的条件已经成熟。国家测绘地理信息局决定，乘势而上，全面加快数字城市地理空间框架建设，将数字城市地理空间框架建设工作整体上从试点全面转入推广，推广工作重点向省级测绘行政主管部门转移。

2008年4月，国家测绘地理信息局在浙江省嘉兴市召开了全国数字城市地理空间框架建设工作会议，总结交流试点工作经验，展示试点工作成果，明确推广工作的思路和目标，部署下一阶段工作，明确提出了今后的任务是：全面启动和实施国家推广计划，加快框架建设进程，促进地理信息公共平台在更大范围和更深层次上应用。

针对推广工作的部署和要求，国家测绘地理信息局起草了《关于加快数字城市地理空间框架建设推广的意见（讨论稿）》。全面推进数字城市地理空间框架建设与应用，促进城市地理信息资源的统筹开发与利用，进一步提升测绘为经济建设主战场服务的能力，成为测绘部门推动事业科学发展的又一项重要战略举措。

当前，国家测绘地理信息局正紧紧抓住数字城市建设这个"牛鼻子"工程，在全国范围全面推开数字城市建设。国家测绘地理信息局将继续对试点城市和推广城市在政策标准、航空摄影、公共平台建设、国家基础测绘成果使用等方面予以支持，全面免费配发平台软件；进一步扩大试点范围，对已建城市在影像数据获取方面给予长期支持，优先考虑配套无人机航摄系统装备。同时，加大宣传力度，深入开展数字城市建设系统性专题宣传活动，营造良好的社会氛围和发展环境，不断提升测绘工作的社会影响力。

下一步，国家测绘地理信息局将全力推进以数字中国为总目标的数字城市建设，每年遴选30~50个城市，纳入推广项目计划，力争用5年左右的时间，基本建成全国所有城市的数字城市。到"十二五"末完成全国地级市和有条件县级市的数字城市建设；已经完成数字城市建设的城市，要强化应用推广，建立起公众服务系统，服务百姓生活。同时，要广泛建立业务应用系统，促进部门间信息共享和政府科学管理决策。与此同时，国家测绘地理信息局将加快推进国家、省区、市（县）的基础地理信息资源互联互通和共建共享，力争到"十二五"末建成较为完备的数字中国，大幅提高测绘保障服务能力，为推动经济社会全面协调可持续发展作出新的更大贡献。

国家测绘地理信息局高度重视数字城市建设工作，明确要求务必要当作加快推进数字中国建设的牛鼻子工程来抓，全力予以推进，全面加快数字城市建设，实现城市地理信息资源的统筹开发与利用，切实提高测绘保障能力和服务水平，为加快信息化建设，促进科学决策、精细管理、高效服务、低碳生活等方面发挥出积极的保障服务作用。

从国际大环境来看，数字地理空间框架建设业已成为全球信息化发展的必然。当前，欧、美等发达国家和地区在推进数字地理空间框架建设方面，已经开展了大量的工作，推动了信息资源的广泛共享和充分利用，促进了经济社会发展，成效十分显著。这些成功的经验启示我们，数字地理空间框架建设是经济社会发展的必然要求，对于像我国这样一个发展中国家，要实现又好又快发展，必须加快推进数字地理空间框架建设，为科学发展提供基础性的数据支撑和保障。

从国内形势来看，经济社会发展与国民经济信息化迫切需要数字地理空间框架。国家对此高度重视。在《国务院关于加强测绘工作的意见》、《国家测绘局主要职责内设机构和人员编制规定》、《全国基础测绘中长期规划纲要》中，进一步明确了建设数字中国地理空间框架是国家测绘局的一项重要职责，是组织实施基础测绘的一项重大工程。

总而言之，构建数字中国地理空间框架是全球信息化建设的必然趋势，是切实贯彻落实国家关于加强测绘工作指示精神的实际行动，是测绘部门履行政府职能的具体体现，是全面提高测绘保障服务的综合反映。

（四）数字城市实例

在国家政策的大力推动下，由国家测绘地理信息局、河南省测绘局及河南省济源市三方共同投资建设的数字济源地理空间框架建设示范项目签字仪式，2010年2月6日在济源市举行。济源市是被正式列入国家测绘局2009年数字城市地理空间框架建设推广计划的六个城市之一，也是河南省数字平顶山、数字郑州试点之后，继数字漯河的又一个推广城市，推广城市工作由国家测绘地理信息局、省测绘局和市人民政府共同合作，按照"需求牵引、设计统一、共同投资、资源共享"的原则组织实施。预计本项目从2010年1月起至2012年6月底完成。

数字中国地理空间框架建设是一个全国统一的系统工程，数字济源地理空间框架是数字河南、数字中国地理空间框架的有机组成部分。在此项工程中，国家测绘局将"数字济源地理空间框架建设"纳入数字区域地理空间框架建设推广计划，在总体设计、航空摄影、公共平台建设、国家基础测绘成果使用及系统集成等方面予以配套支持，负责组织项目竣工验收。河南省测绘局指导项目建设工作，负责项目进度与质量的管理和监督，在各市域的1:1万比例尺数字化地形图基础资料提供、技术设计以及项目组织协调等方面给予支持，提供配套项目资金。济源市人民政府负责项目的组织实施和落实项目主要经费，从政策上确保所建公共平台是济源市权威的、共用的、唯一的地理信息公共平台；负责在政府各部门推广使用该地理信息公共平台；负责建立地理信息公共平台的长效运行机制，对该地理信息公共平台的管理、维护与更新，提供相应的保障。该项目建设单位为济源市国土资源局，技术支持单位为河南省遥感测绘院。

建设数字济源地理空间框架将为信息化建设奠定基础，形成济源市权威的、唯一的和统一的地理信息公共平台，实现地理信息资源的开发利用与共建共享，促进济源市的信息化建设，提高城市公共管理、公共服务的能力和水平。项目建设成果"数字济源地理信息公共平台"，用于济源市政府各部门管理、决策与公共服务。同时，作为数字中国、数字河南地理空间框架的组成部分，纳入国家级、省级基础地理信息系统，用于政府宏观决策，实现项目成果国家、省、地方共享。资源、环境、人口、电力、电信、农林、水利、交通等各类专题信息尽可往平台上叠加，使之成为各部门、各行业的专题应用系统，从而实现空间信息的共享以及技术和标准的统一，避免各专业部门的重复建设，有效节约人力、物力和财力。

在2012年2月8日济源市人民政府颁布的《"数字济源"地理空间框架建设使用管理办法（试行）》，为加强市政府各部门及应用服务主体之间的地理信息资源共享与利用，提高地理信息资源的共享程度和网络化服务水平，避免重复建设，根据《中华人民共和国测绘法》、《中华人民共和国保守国家秘密法》、《基础测绘条例》、《中华人民共和国测绘成果管理条例》、《公开地图内容表示若干规定》和其他相关法律法规，结合济源实际，制定了执行办法。

"数字济源"地理空间框架是地理信息数据及其采集、加工、交换、服务所涉及的政策、法规、标准、技术、设施、机制等的总称，由地理信息数据集、地理信息公共平台、政策法规与标准体系和组织运行体系等构成；"数字济源"地理空间框架由市政府统一组织建设，政府各部门、企事业单位和社会公众根据权限共享使用；"数字济源"地理空间框架的建设、管理、维护与应用服务，适用本办法。

经过各级政府部门的通力配合和所有参加人员的不懈努力，经过近两年的辛勤工作，2012 年 8 月 1 日，"数字济源"地理空间框架建设项目通过验收，并举行成果发布与项目推广会。国家测绘地理信息局、河南省测绘局、济源市市委、市政府、济源市国土资源局、中国科学院、武汉大学、河南理工大学等领导专家参加了项目验收会和成果发布推广会，河南省测绘局有关处室和单位负责人、济源市政府有关局委、各县（市）测绘主管领导、济源市国土资源系统人员及测绘单位负责人等共计 100 余人参加了项目成果发布与推广会。

专家组在听取了项目汇报后指出，"数字济源"地理空间框架建设示范项目于 2010 年 2 月 6 日由原国家测绘局、河南省测绘局、济源市人民政府三方在济源签字启动至今，完成了覆盖济源全市域 1931km^2 测绘基准 D 级 GPS 三维大地控制网建设，1：10000 DLG、DOM、DEM 以及 1：50000DLG 数据，重点区域 138km^2 1：1000 的 DLG、DOM、DEM，1：2000、1：5000DLG 数据和建成区 50km^2 的地名/地址等数据建设，建立了覆盖全市域的多尺度、多类型的基础地理信息数据库，数据成果符合国家规范和项目设计要求。建立了数字济源地理信息公共平台，分别在政府专网和互联网上以在线方式为政府部门和社会公众提供地理信息服务，实现了在线调用、标准服务、二次开发和运维管理等多领域、跨平台功能和应用模式，促进了济源市信息资源充分共享和利用。项目基于地理信息公共平台，完成了国土资源管理、森林防火应急指挥、大地基准管理、120 应急指挥、公众服务等行业应用和公众服务等领域的共计 5 项应用示范系统，运行稳定、高效、可靠，效果显著。该项目在机载激光测量技术应用于数字城市建设、地图万片动态缓存、多源异构的服务聚合等方面富有技术创新，在数据更新和平台推广模式的管理体系方面进行了成功的探索。并建立了地理信息公共平台管理、维护与服务的长效机制。该项目的建设、应用及运营模式对促进地理信息产业发展和数字城市地理空间框架建设具有推广价值，一致同意通过验收。

"数字济源"地理空间框架项目的建成为济源市信息化建设奠定基础，形成济源市权威的、唯一的和统一的地理信息公共平台，实现了地理信息资源的开发利用与共建共享，促进济源市的信息化建设，提高了城市公共管理、公共服务的能力和水平。项目建设成果"数字济源地理信息公共平台"，已经用于济源市政府各部门管理、决策与公共服务。同时，作为数字中国、数字河南地理空间框架的组成部分，纳入国家级、省级基础地理信息系统，用于政府宏观决策，实现项目成果国家、省、地方共享。

为了贯彻国家和济源市的"数字济源"政策，以及环境保护方针、政策、法律、法规，实施可持续发展战略，推进清洁生产，拟定和制定环境保护规划和计划，改善区域环境质量；依法对辖区内单位和个人履行环保法律、法规，执行环境保护各项政策、制度和标准的情况实施环境监察；按照审批权限，对新建、改建、扩建项目执行环境影响评价制度；受理各类环境污染的投诉，紧急处理重大环境污染事故；对辖区内污染源实施管理，征收污染物排污费；组织环境宣传教育，推广科技治污新技术；组织环境质量监测和污染源监测。济源市环境保护局组织开展了环境保护与污染源管理综合信息系统的研制工作。

济源市环境保护局的环境保护与污染源管理综合信息系统是将计算机、网络、地理信息系统等有机结合，由功能完善、互联互通、资源共享、统一规范的环境信息网络平台、电子政务综合信息平台和环境管理业务应用平台等组成，以提供"无纸化办公"、"网上办公"；确保环保管理信息的完整性、准确性、一致性和安全性；提供环保管理信息的多方面采集、全方位检索、智能维护。通过对管理信息的统计、分析，为各级领导及管理人员的决策提供强大的数据支持、决策支持、指挥支持、通信支持和信息交流支持，从而快速、准确、有效地防治环境污染，保障自然环境资源的合理开发利用，保护济源市的生活和生态环境，促进济源市经济建设和各项事业的可持续发展。

信息与决策在环保治理过程中，环保管理部门面临着不断发现问题、解决问题的过程，在此过程中需要大量决策行为。所谓决策，就是为了达到办事目的而采取的某种对策，是各级领导和管理人员对环保活动、处理重大事件、分配资源，以及日常业务等一切事情所作的决定。决策是由信息来支持的，管理工作的关键和核心在于决策。信息是决策的依据，决策实施后又得到新的信息，其中包括了成功和失败的经验教训等。信息能改变决策中预期结果的概率，因而信息系统的建设对决策的制定起到至关重要的作用。

济源市是一个新兴城市，而城市是经济社会发展最活跃、发展最快速、信息最丰富、资本最集中的区域，也是对地理信息需求最旺盛、更新要求最快、分辨率要求最高的区域。加快推进数字城市地理空间框架建设对于测绘服务于城市信息化建设、城市管理科学化、方便百姓生活等方面具有积极的促进作用。

加快推进数字城市地理空间框架建设是加快经济社会信息化的迫切需要。大力推进经济社会信息化，是我国现代化建设的战略性举措。人类社会的各类信息绝大部分都与地理空间位置相关，加快经济社会信息化建设，促进信息资源的广泛共享和互联互通，需要统一、标准、权威的地理空间载体提供支撑。加快推进数字地理空间框架建设，对于集成、整合和共享自然、社会、经济、人文、环境等各类信息，避免数字孤岛，促进信息资源开发利用，避免重复建设都具有十分重要的作用。相对其他地区而言，城市地区经济活跃、发展快速、信息丰富、资本集中。加快推进数字城市地理空间框架建设，是健全数字地理空间框架、推进城市信息化加快发展的迫切需要，是推进国民经济和社会信息化的重要内容和基础保障。

加快推进数字城市地理空间框架建设是促进城市管理科学化的客观要求。数字城市地理空间框架为认识物质城市打开了新的视野，在地理信息基础上叠加专业信息，可以实现对经济、社会和人文信息的空间统计分析和决策支持，使城市管理和服务空间化、精细化、动态化、可视化，将管理和决策立足于具有综合集成能力的现实的观测信息，提高管理的科学性、时效性和准确性。在数字城市地理空间框架的支持下，城市管理工作能够在每个地方、每个时段准确覆盖，实现由部件管理到事件管理、由粗放管理到精确管理、由多头管理到统一管理、由被动管理到主动管理转变，以实现精确、快速、高效的城市管理，有利于整合政府资源，节约行政成本，克服过去管理不到位的弊端，不仅可以推动管理手段的现代化，而且能够确保管理决策的科学化，从而大大提高城市管理效率和水平。

加快推进数字城市地理空间框架建设是服务民生的重要举措。基于城市地理信息公共平台的电子政务服务系统，加强了政务服务提供者和使用者之间的沟通和互动，为城市相关部门通过网络为广大市民和企业服务提供了新途径，带来信息化生活的新体验。通过数字城市地理空间框架建设形成权威、标准、统一的城市地理信息公共平台，人们可以从不同角度、全方位地了解城市社会经济发展和建设情况，可以方便及时查找到与日常生活密切相关的衣、食、住、行等方面信息，极大地提高人们生活质量，是构建社会主义和谐社会的客观需要和重要途径，是服务民生的重大举措。

数字地图是纸制地图的数字存在和数字表现形式，是在一定坐标系统内具有确定坐标和属性的地面要素和现象的离散数据，在计算机可识别的可存储介质上概括的、有序的集合。

在计算机技术和信息科学高度发展的今天，仅靠纸制的地图和一些零散的数字地图提供信息已无法满足需要，取而代之的是在飞机、舰船导航、新武器制导、卫星运行测控和部队快速反应、军事指挥自动化以及经济建设的各个行业中广泛应用的，基于区域性或全国性的数字地图及各种各样的地图数据库管理系统和地理信息系统。

这些系统共同的特点是：信息丰富多样，提供信息正确及时，修改、检索、传输信息方便快速，并可以对系统中的数据作进一步的分析操作，最后输出人们关注的专题信息。

数据库技术的应用和信息系统的建立使传统纸制地图的应用发生了质的飞跃，也为地图产品开辟了一个新的应用天地。

济源市环保局环保信息系统建成后，将会发挥更大的作用。①行政审批信息进一步提高资源共享，使行政执法案件立案依据充足，降低行政运行成本；②配合数字济源整体部署，进一步提高环保工作的数字化水平，充实数字济源的数字化内容。

第二节　数字地球的技术基础

要在电子计算机上实现数字地球不是一个很简单的事，它需要诸多学科，特别是信息科学技术的支撑。这其中主要包括：信息高速公路和计算机宽带高速网络技术、高分辨率卫星影像、空间信息技术、大容量数据处理与存储技术、科学计算以及可视化和虚拟现实技术。

一、信息高速公路和计算机宽带高速网

一个数字地球所需要的数据已不能通过单一的数据库来存储，而需要由成千上万的不同组织来维护。这意味着参与数字地球的服务器将需要由高速网络来连接。为此，美国前总统克林顿早在 1993 年 2 月就提出实施美国国家信息基础设施（National Information Infra-structure，NII），被称为信息高速公路。它主要由计算机服务器、网络和计算机终端组成。美国为此计划投入了 4000 亿美元，耗时 20 年。到 2000 年的目标是提高生产率 20% ~ 40%，获取 35000 亿美元的效益。

在 Internet 流量爆发性增长的驱动下，远程通信载体已经尝试使用 10G/S 的网络，而每秒 1015byte 的因特网正在研究中。相信将会有更加优秀的宽带高速网供人们使用。

二、高分辨率卫星影像

20 世纪的遥感卫星影像，在卫星遥感问世后的 20 多年，分辨率已经有了飞快的提高，这里所说的分辨率指空间分辨率、光谱分辨率和时间分辨率。空间分辨率指影像上所能看到的地面最小目标尺寸，用像元在地面的大小来表示。从遥感形成之初的 80m，提高到 30m，10m，5.8m，乃至 2m，军用甚至可达到 10cm。到 21 世纪获取 1m 或优于 1m 的空间分辨率影像将会十分方便。光谱分辨率指成像的波段范围，分得愈细，波段愈多，光谱分辨率就愈高，现在的技术可以达到 5 ~ 6nm（纳米）量级，400 多个波段。细分光谱可以提高自动区分和识别目标性质及组成成分的能力。时间分辨率指重访周期的长短，目前一般对地观测卫星为 15 ~ 25 天的重访周期。通过发射合理分布的卫星星座可以 3 ~ 5 天观测地球一次。

高分辨率卫星遥感图像在 21 世纪将可以优于 1m 的空间分辨率，每隔 3 ~ 5 天为人类提供反映地表动态变化的详实数据，从而实现秀才不出门，能观天下事的理想。

三、空间信息技术与空间数据基础设施

空间信息是指与空间和地理分布有关的信息。经统计，世界上的事情有 80% 与空间分布有关，空间信息用于地球研究即为地理信息系统。为了满足数字地球的要求，将影像数据库、矢量图形库和数字高程模型（Digital Elevation Model，DEM）三库一体化管理的 GIS 软件和网络全球卫星定位系统（Global Positioning System，GPS），将在下一世纪十分成熟和普及。从而可实现不同层次的互操作，一个 GIS 应用软件产生的地理信息将被另一个软件读取。

当人们在数字地球上，进行处理、发布和查询信息时，将会发现大量的信息都与地理空间位置有关。例如查询两城市之间的交通连接，查询旅游景点和路线，购房时选择廉价而又环境适宜的住宅等都需要有地理空间参考。由于尚未建立空间数据参考框架，致使目前在万维网上制作主页时还不能轻易将有关的信息连接到地理空间参考上。因此，国家空间数据基础设施是数字地球的基础。

国家空间数据基础设施主要包括空间数据协调管理与分发体系和机构，空间数据交换网站、空间数据交换标准及数字地球空间数据框架。这是美国总统克林顿在 1994 年 4 月以行政令下发的任务，美国将于 2000 年 1 月初步建成，我国也将在跨世纪之际，抓紧建立我国基于 1:50000 和 1:10000 比例尺的空间信息基础设施。欧洲、俄罗斯和亚太地区也都纷纷抓空间数据基础设施。

空间数据共享机制是使数字地球能够运转的关键之一。国际标准化组织 ISO/TC211 工作组正为此而努力工作。只有共享才能发展，共享推动信息化，信息化进一步推动共享。政府与民间的联合共建是实现共享原则的基本条件，因为任何国家的政府也不可能包揽整个信息化的建设。在我国，要遵循这一规律就必然要求打破部门之间和地区之间的界限，统一标准，联合行动，相互协调，互谅互让，分工合作，发挥整体优势。只有大联合才能形成规模经济的优势，才能在国际信息市场的激烈竞争中争取主动。

四、大容量数据存储及元数据

数字地球将需要存储 1015 字节的（Quadrillions）信息。美国国家航空航天局（National Aeronautics and Space Administration，NASA）的行星地球计划 EOS – AM1 1999 年上天，每天将产生 1000GB（即 1TB）的数据和信息，1m 分辨率影像覆盖广东省，大约有 1TB 的数据，而广东才是中国的 1/53。所以要建立起中国的数字地球，仅仅影像数据就有 53TB，这还只是一个时刻的，多时相的动态数据，其容量就更大了。目前美国的 NASA 和 NOAA（The National Oceanic and Atmospheric Administration，NOAA）已着手建立用原型并行机管理的可存储 1800TM 的数据中心，数据盘带的查找由机器手自动而快速地完成，相信到下一世纪，还会有新的突飞猛进。

另一方面，为了在海量数据中迅速找到需要的数据，元数据（Metadata）库的建设是非常必要的。它是关于数据的数据，通过它可以了解有关数据的名称、位置、属性等信息，从而大大减少用户寻找所需数据的时间。

五、科学计算

地球是一个复杂的巨系统，地球上发生的许多事件，变化和过程又十分复杂而呈非线性特征，时间和空间的跨度变化大小不等，差别很大，只有利用高速计算机，我们今日和跨世纪的未来，才有能力来模拟一些不能观测到的现象。利用数据挖掘（Data Mining）技术，我们将能够更好地认识和分析所观测到的海量数据，从中找出规律和知识。科学计算将使我们突破实验和理论科学的限制，建模和模拟可以使我们能更加深入地探索所搜集到的有关我们星球的数据。

六、可视化和虚拟现实技术

可视化是实现数字地球与人交互的窗口和工具，没有可视化技术，计算机中的一堆数字是无任何意义的。

数字地球的一个显著的技术特点是虚拟现实技术。建立了数字地球以后，用户戴上显示头盔，就可以看见地球从太空中出现，使用"用户界面"的开窗放大数字图像；随着分辨率的不断提高，他看见了大陆，然后是乡村、城市，最后是私人住房、商店、树木和其他天然及人造景观；当他对商品感兴趣时，可以进入商店内，欣赏商场内的衣服，并可根据自己的体型，构造虚拟自己试穿衣服。

虚拟现实技术为人类观察自然，欣赏景观，了解实体提供了身临其境的感觉。最近几年，虚拟现实技术发展很快。虚拟现实建模语言（VRML）是一种面向 Web、面向对象的三维建模语言，而且它是一种解释性语言。它不仅支持数据和过程的三维表示，而且能使用户走进视听效果逼真的虚拟世界，从而实现数字地球的表示，以及通过数字地球实现对各种地球现象的研究和人们的日常应用。实际上，人造虚拟现实技术在摄影测量中早已是成熟的技术，近几年的数字摄影测量的发展，已经能够在计算机上建立可供量测的数字虚拟技术。当然，当前的技术是对同一实体拍摄照片，产生视差，构造立体模型，通常是当模型处理。进一步的发展是对整个地球进行无缝拼接，任意漫游和放大，由三维数据通过人造视差的方法，构造虚拟立体。

第三节　数字地球中的"3S"技术

数字地球的核心是地球空间信息科学。地球空间信息科学的技术体系中最基础和基本的技术核心是"3S"技术及其集成。所谓"3S"是全球卫星定位系统（GPS）、地理信息系统（GIS）和遥感（Remote Sensing，RS）的统称。没有"3S"技术的发展，现实变化中的地球是不可能以数字的方式进入计算机网络系统的。

一、全球卫星定位系统（GPS）

GPS 作为一种全新的现代定位方法，已逐渐在越来越多的领域取代了常规光学和电子仪器。20 世纪 80 年代以来，尤其是 90 年代以来，GPS 卫星定位和导航技术与现代通信技术相结合，在空间定位技术方面引起了革命性的变化。用 GPS 同时测定三维坐标的方法将测绘定位技术从陆地和近海扩展到整个海洋和外层空间，从静态扩展到动态，从单点定位扩展到局部与广域差分，从事后处理扩展到实时（准实时）定位与导航，绝对和相对精度扩展到米级、厘米级乃至亚毫米级，从而大大拓宽它的应用范围和在各行各业中的作用。不久的将来，人人可以戴上 GPS 手表，加上移动电话，你的活动就可以自动进入数字地球中去。

二、航空航天遥感（RS）技术

当代遥感的发展主要表现在它的多传感器、高分辨率和多时相特征。

（1）多传感器技术。当代遥感技术已能全面覆盖大气窗口的所有部分。光学遥感可包含可见光、近红外和短波红外区域。热红外遥感的波长可从 8～14mm，微波遥感观测目标物电磁波的辐射和散射，分被动微波遥感和主动微波遥感，波长范围为 1mm～100cm。

（2）遥感的高分辨率特点。全面体现在空间分辨率、光谱分辨率和温度分辨率三个方面，长线阵（Charge Coupled Device，CCD）成像扫描仪可以达到 1～2m 的空间分辨率，成像光谱仪的光谱细分可以达到 5～6nm 的水平。热红外辐射计的温度分辨率可从 0.5K 提高到 0.3K，乃至 0.1K。

（3）遥感的多时相特征。随着小卫星群计划的推行，可以用多颗小卫星，实现每 2～3 天对地表重复一次采样，获得高分辨率成像光谱仪数据，多波段、多极化方式的雷达卫星，将能解决阴雨多雾情况下的全天候和全天时对地观测，通过卫星遥感与机载和车载遥感技术的有机结合，是实现多时相遥感数据获取的有力保证。

遥感信息的应用分析已从单一遥感资料向多时相、多数据源的融合与分析，从静态分析向动态监测过渡，从对资源与环境的定性调查向计算机辅助的定量自动制图过渡，从对各种现象的表面描述向软件分析和计量探索过渡。近年来，由于航空遥感具有的快速机动性和高分辨率的显著特点，使之成为遥感发展的重要方面。

三、地理信息系统（GIS）技术

随着"数字地球"这一概念的提出和人们对它的认识的不断加深，从二维向多维动态以及网络方向发展是地理信息系统发展的主要方向，也是地理信息系统理论发展和诸多领域的迫切需要，如资源、环境、城市等。在技术发展方面，一个发展是基于客户服务器（Client/Server）结构，即用户可在其终端上调用在服务器上的数据和程序。另一个发展是通过互联网络发展网络地理信息系统（Internet GIS 或 Web‒GIS），可以实现远程寻找所需要的各种地理空间数据，包括图形和图像，而且可以进行各种地理空间分析，这种发展是通过现代通讯技术使 GIS 进一步与信息高速公路相接轨。另一个发展方向，则是数据挖掘（Data Mining），从空间数据库中自动发现知识，用来支持遥感解译自动化和 GIS 空间分析的智能化。

四、"3S"集成技术

"3S"集成是指将上述三种对地观测新技术及其他相关技术有机地集成在一起。这里所说的集成，是英文 Integration 的中译文，是指一种有机的结合，在线的连接、实时的处理和系统的整体性。GPS、RS、GIS 集成的方式可以在不同技术水平上实现。"3S"集成包括空基"3S"集成与地基"3S"集成。

（1）空基"3S"集成。用空—地定位模式实现直接对地观测，主要目的是在无地面控制点（或有少量地面控制点）的情况下，实现航空航天遥感信息的直接对地定位、侦察、制导、测量等。

（2）地基"3S"集成。车载、舰载定位导航和对地面目标的定位、跟踪、测量等实时作业。

第四节　数字地球的应用

在人类所接触到的信息中有 80% 与地理位置和空间分布有关，地球空间信息是信息高速公路上的货和车。数字地球不仅包括高分辨率的地球卫星图像，还包括数字地图，以及经济、社会和人口等方面的信息，它的应用正如美国戈尔副总统在报告中提到的有时会因为我们的想象力而受到限制，换句话说，数字地球的应用在很大程度上超出我们的想象，可以乐观地说下一世纪中，数字地球将进入千家万户和各行各业。这里只能就我们的理解提出一些现实的应用。

一、对全球变化与社会可持续发展的作用

全球变化与社会可持续发展已成为当今世界人们关注的重要问题，数字化表示的地球为我们研究这一问题提供了非常有利的条件。在计算机中利用数字地球可以对全球变化的过程、规律、影响以及对策进行各种模拟和仿真，从而提高人类应付全球变化的能力。数字地球可以广泛地应用于对全球气候变化、海平面变化、荒漠化、生态与环境变化、土地利用变化的监测。与此同时，利用数字地球，还可以对社会可持续发展的许多问题进行综

合分析与预测，如：自然资源与经济发展，人口增长与社会发展，灾害预测与防御等。

我国是一个人口多，土地资源有限，自然灾害频繁的发展中国家，十几亿人口的吃饭问题一直是至关重要的。经过二十年的高速发展，资源与环境的矛盾越来越突出。1998年的洪灾，黄河断流，耕地减少，荒漠化加剧，已经引起了社会各界的广泛关注。必须采取有效措施，从宏观的角度加强土地资源和水资源的监测和保护，加强自然灾害特别是洪涝灾害的预测、监测和防御，避免第三世界国家和一些发达国家发展过程中走过的弯路。数字地球在这方面可以发挥更大的作用。

二、数字地球对社会经济和生活的影响

数字地球将容纳大量行业部门、企业和私人添加的信息，进行大量数据在空间和时间分布上的研究和分析。例如国家基础设施建设的规划，全国铁路、交通运输的规划，城市发展的规划，海岸带开发，西部开发。从贴近人们的生活看，房地产公司可以将房地产信息链接到数字地球上；旅游公司可以将酒店、旅游景点，包括它们的风景照片和录像放入这个公用的数字地球上；世界著名的博物馆和图书馆可以将其收藏以图像、声音、文字形式放入数字地球中；甚至商店也可以将货架上的商店制作成多媒体或虚拟产品放入数字地球中，让用户任意挑选。另外在相关技术研究和基础设施方面也将会起推动作用。因此，数字地球进程的推进必将对社会经济发展与人民生活产生巨大的影响。

三、数字地球与精细农业

21世纪农业要走节约化的道路，实现节水农业、优质高产无污染农业。这就要依托数字地球，每隔3~5天给农民送去他们的庄稼地的高分辨率卫星影像，农民在计算机网络终端上可以从影像图中获得他们农田里庄稼的长势征兆，通过GIS作分析，制定出行动计划，然后在车载GPS和电子地图指引下，实施农田作业，及时地预防病虫害，把杀虫剂、化肥和水用到必须用的地方，而不致使化学残留物污染土地、粮食和种子，实现真正的绿色农业。这样一来，农民也成了电脑的重要用户，数字地球就这样飞入了农民家。到那时农民也需要有组织，有文化，掌握高科技。

四、数字地球与智能化交通系统（Intelligent Transport System，ITS）

智能运输系统是基于数字地球建立国家和省、市、自治区的路面管理系统、桥梁管理系统、交通阻塞、交通安全以及高速公路监控系统，并将先进的信息技术、数据通讯传输技术、电子传感技术、电子控制技术以及计算机处理技术等，有效地集成运用于整个地面运输管理体系，而建立起的一种在大范围内、全方位发挥作用的，实时、准确、高效的综合运输和管理系统，实现运输工具在道路上的运行功能智能化。从而，使公众能够高效地使用公路交通设施和能源。具体地说，该系统将采集到的各种道路交通及服务信息经交通管理中心集中处理后，传输到公路运输系统的各个用户（驾驶员、居民、警察局、停车场、运输公司、医院、救护排障等部门），出行者可实时选择交通方式和交通路线；交通管理部门可自动进行合理的交通疏导、控制和事故处理；运输部门可随时掌握车辆的运行情况，进行合理调度。从而，使路网上的交通流运行处于最佳状态，改善交通拥挤和阻

塞，最大限度地提高路网的通行能力，提高整个公路运输系统的机动性、安全性和生产效率。

对于公路交通而言，ITS 将产生的效果主要包括以下几个方面：

（1）提高公路交通的安全性。

（2）降低能源消耗，减少汽车运输对环境的影响。

（3）提高公路网络的通行能力。

（4）提高汽车运输生产率和经济效益，并对社会经济发展的各方面都将产生积极的影响。

（5）通过系统的研究、开发和普及，创造出新的市场。

美国国会 1991 年颁布"冰茶法案"（Intermodel Surface Transportation Efficiency Act，ISTEA），1998 年颁布"续茶法案"（National Economic Crossroad Transportation Efficiency Act，NEXTEA），目标是实现高效、安全和利于环境的现代交通体系。

五、数字地球与数码城市（CyberCity）

基于高分辨率正射影像、城市地理信息系统、建筑 CAD，建立虚拟城市和数字化城市，实现真三维和多时相的城市漫游、查询分析和可视化。数字地球服务于城市规划、市政管理、城市环境、城市通讯与交通、公安消防、保险与银行、旅游与娱乐等，为城市的可持续发展和提高市民的生活质量等。

六、数字地球为专家服务

顾名思义，数字地球是用数字方式为研究地球及其环境的科学家尤其是地学家服务的重要手段。地壳运动、地质现象、地震预报、气象预报、土地动态监测、资源调查、灾害预测和防治、环境保护等无不需要利用数字地球。而且数据的不断积累，最终将有可能使人类能够更好地认识和了解我们生存与生活的这个星球，运用海量地球信息对地球进行多分辨率、多时空和多种类的三维描述将不再是幻想。

七、数字地球与现代化战争

数字地球是后冷战时期"星球大战"计划的继续和发展，在美国眼里数字地球的另一种提法是星球大战，是美国全球战略的继续和发展。显然，在现代化战争和国防建设中，数字地球具有十分重大意义。建立服务于战略、战术和战役的各种军事地理信息系统，并运用虚拟现实技术建立数字化战场，这是数字地球在国防建设中的应用。这其中包括了地形地貌侦察、军事目标跟踪监视、飞行器定位、导航、武器制导、打击效果侦察、战场仿真、作战指挥等方面，对空间信息的采集、处理、更新提出了极高的要求。在战争开始之前需要建立战区及其周围地区的军事地理信息系统；战时利用 GPS、RS 和 GIS 进行战场侦察，信息的更新，军事指挥与调度，武器精确制导；战时与战后的军事打击效果评估等。而且，数字地球是一个典型的平战结合，军民结合的系统工程，建设中国的数字地球工程符合我国国防建设的发展方向。

总之，随着"3S"技术及相关技术的发展，数字地球将对社会生活的各个方面产生巨大的影响。其中有些影响我们可以想象，有些影响也许我们今日还无法想象。

数字地球的提出是全球信息化的必然产物，它的一项长期的战略目标，需要经过全人类的共同努力才能实现。同时，数字地球的建设与发展将加快全球信息化的步伐，在很大程度上改变人们的生活方式，并创造出巨大的社会财富，为人类社会的发展做出巨大贡献。

"3S"作为数字地球的技术基础和核心将得到迅速发展，一方面数字地球的研究和建设为"3S"技术的发展创造了条件，另一方面"3S"技术的发展为数字地球的建设提供了技术支持。

我国在地球空间信息科学领域的研究工作经过不懈努力取得了许多优秀成果，培养了一些国际知名的学者和一大批具有较高素质的中青年学术骨干，为学科的发展作出了自己的贡献。但是，我们必须清醒地认识到，由于在传感器、计算机、通信以及综合国力等方面与先进国家存在较大差距，使得在相当长的一段时间在地球空间信息科学的若干方面将落后于国际先进水平。因此，只有发挥自己的优势，不断努力，努力建设数字中国和数字地球，才能逐步缩小与国际先进水平的差距，为我国的经济建设和社会发展做出自己的贡献。

八、数字地球与数字流域

1998年，美国前副总统戈尔提出了"数字地球"概念，并做出了令人神往的描述，在世界上引起了广泛的关注和随之而来的数字化研究。

"数字地球"的概念提出后，我国张勇传院士提出了"数字流域"的概念。"数字流域"是在"数字地球"概念下局部的、更专业化的数字系统。广义地说，所谓"数字流域"，就是综合运用地理信息系统（GIS）、遥感（RS）、虚拟现实技术（VR）、全球卫星定位系统（GPS）、网络（Network）和超媒体（Hypermedia）等现代高新技术，对全流域的地理环境、基础设施、自然资源、人文景观、生态环境、人口分布、社会和经济状态等各种信息进行数字化采集与存储、动态监测与处理、深层融合与挖掘、综合管理与传输分发，构建全流域可视化的基础信息平台和三维立体模型，建立适合于全流域不同职能部门的专业应用模型库和规则库及相应的应用系统。狭义上讲，"数字流域"是以地理空间数据为基础，具有多维显示和表达流域状况的虚拟流域。作为根据流域特点建立的集数字化、网络化和信息化等多种高新技术为一体的可视化计算机管理和应用系统，"数字流域"不仅能在计算机上建立虚拟流域，再现流域的各种资源分布状态。更为重要的是，它可以在对各类信息进行专题分析的基础上，通过各种信息的交流、融合和挖掘，促进全流域不同部门、不同层次之间的信息共享、交流和综合，从而实现全流域资源在空间上的优化配置、在时间上的合理利用，减少资源浪费和功能重叠。同时，也可以为相关部门制定宏观决策和可持续发展战略提供决策依据。

由于"数字流域"是由三维可视化技术、虚拟现实技术、地理信息系统等一系列技术构成的三维立体人机交互系统平台，用户可以把流域模型中的空间地物在大场景流域中的准确位置，表示出来展现到用户面前。因此，人们在关注"数字流域"的同时，三维可视化技术（3D-Visualize）、虚拟现实技术（VR）、地理信息系统（GIS），作为"数字流

20

域"的重要技术组成部分，也同样受到了前所未有的关注。

综上所述，在构建数字流域三维景观模型时，需要高分辨率的细致景观模型和信息丰富、图像清晰的遥感影像模型；由于模型涉及到整个流域范围或者跨流域范围，因此必然会带来海量级的数据量。

在构建流域模型过程中，涉及到数字模拟为特征的计算科学、海量储存技术、高分辨率卫星图像处理技术、互操作规范、元数据标准以及卫星图像的自动解译、多源数据的融合和智能代理等技术。这就对流域大场景（一个完整的流域范围或跨流域范围）绘制的实时交互性提出新的、更高的要求，尤其对具有大数据集的流域大场景三维模型，能够实现绘制的实时交互性还需要进一步的精简和完善。

自从"数字流域"提出之后，国内外众多的专家学者坚持不懈地进行了流域三维大场景模型可视化、实时交互绘制的探讨和研究，并发表了大量的、具有重要参考价值的文献。

通过对流域大场景模型的发展状况进行阐述，明确了论文的中心思想，即构建实时交互的流域多分辨率大场景三维模型。在后面章节中，分析了构建大场景三维模型的方法和技术路线，针对在处理原始数字高程模型（DEM）地形数据和遥感影像时所存在的问题，提出了相应的解决方案并在实验中进行了运行测试，取得了令人满意的运行效果。

第二章　地理信息系统

第一节　引　言

地理信息系统是以地理空间数据库为基础，在计算硬件、软件环境支持下，对空间相关数据进行采集、管理、操作、分析模拟和显示，并采用地理模型分析方法，适时提供多种空间和动态的地理信息，为地理研究、综合评价、管理、定量分析和决策服务而建立的一类计算机应用系统。

GIS 起源于 20 世纪 60 年代的北美（加拿大和美国），到 80 年代末，特别是随着计算机技术的飞速发展，地理信息的处理、分析手段日趋先进，GIS 技术也日臻成熟，目前已成功地应用于资源、环境、土地、交通、教育、军事、灾害研究、自动制图等领域，GIS 已经成为构建数字地球不可缺少的技术组成部分，因此我们很有必要了解有关 GIS 的发展史及其发展前景。

第二节　GIS 的发展历程

一、国际发展史

1950 年，麻省理工学院制造了第一台图形显示器；1958 年美国一家公司研制成第一架滚筒式绘图仪；1962 年麻省理工学院一名博士研究生首次提出了计算机图形学，并论证了交互式计算机图形学是一个可行的、有用的研究领域，从而奠定了这一科学分支的独立地位。在此基础上，地理信息系统开始萌芽，因此说，GIS 起源于 20 世纪 60 年代初期，至今 GIS 风风雨雨走过了 40 多年，纵观其发展历程，大致可归纳为以下几个阶段：

（一）开拓阶段（20 世纪 60 年代）

这一阶段主要特点是：①提出了地理信息系统（GIS）这一专业术语。1956 年，奥地利测绘部门首先利用计算机建立了地籍数据库，随后各国的土地测绘和管理部门逐步应用土地信息系统（Land Information System，LIS）用于地籍管理。1963 年加拿大测量学家 Roger F. Tomlinson 首先提出地理信息系统这一术语，并于 1971 年建立了世界上第一个地理信息系统（GIS）——加拿大地理信息系统（Canada Geographic Information System，CGIS），该系统主要用于自然资源的管理和规划。②美国哈佛大学研究出 SYMAP 系统软件。由于当时计算机水平的限制，使得 GIS 带有更多的机助制图成分，地学分析功能比较简单。与此同时，国外许多与 GIS 有关的组织和机构纷纷建立，如 1966 年成立的美国城市与区域系统协会（URISA），1968 年成立的城市信息系统跨机构委员会（IAAC）和国际地理联合会（IGU）的地理数据遥感和处理小组委员会，以及 1969 年成立的美国州信息系统全国协会（NASIS）等。这些组织和机构相继都组织了一系列的 GIS 国际讨论会，对于传播 GIS 知识和发展 GIS 技术起到了指导作用。③GIS 软件开发初见端倪；如美国哈佛大学研究开发的 Symap，马里兰大学的 MANS 等。

（二）巩固阶段（20 世纪 70 年代）

进入 20 世纪 70 年代，由于计算机硬件和软件技术的飞速发展，促使 GIS 朝着实用方向迅速发展，一些发达国家先后建立了许多专业性的地理信息系统。例如，从 1970 ~ 1976 年，美国地质调查局就建成 50 多个 GIS，加拿大、联邦德国、瑞典和日本等国也相继发展了自己的 GIS。与此同时，一些商业公司纷纷成立，软件在市场上受到欢迎，许多大学和研究机构开始重视 GIS 软件设计及应用的研究。可以说 GIS 进入了真正的发展阶段，主要表现在以下几个方面：①一些发达国家先后建立了许多不同专题、不同规模、不同类型的各具特色的地理信息系统，如美国森林调查局开发的全国林业资源信息显示系统；日本国土地理院建立的数字国土信息系统；法国建立的 GITAN 系统和地球物理信息系统等；②探讨以遥感数据为基础的地理信息系统逐渐受到重视，如美国 NASA 的地球资源实验室 1980 研制的 ELAS 地理信息系统等；③许多团体、机构和一些商业公司开展了广泛的 GIS 的研制工作，推动了 GIS 软件的发展，GIS 逐渐步入商业轨道；④专业化人才不断增加，许多大学开始提供地理信息系统专业人才培训。

（三）突破性阶段（20 世纪 80 年代）

20 世纪 80 年代是 GIS 普及和推广应用的阶段，是 GIS 发展的重要时期。这一时期主要表现：①在 70 年代技术开发的基础上，GIS 技术全面推向应用；②国际合作日益加强，开始探讨建立国际性的 GIS，并与卫星遥感技术相结合，研究全球性的问题，如全球沙漠化、厄尔尼诺现象和酸雨、核扩散等；③GIS 研究开始从发达国家逐渐推向发展中国家，如中国于 1985 年成立了资源与环境信息系统国家重点实验室；④GIS 技术开始进入多学科领域，如古人类学、景观生态规划、森林管理以及计算机科学等；⑤随着计算机价格的大幅度下降，功能较强的微型计算机系统的普及和图形输入、输出及存储设备的快速发展，大大推动了 GIS 的微机化进程，为 GIS 的推广和普及起到了决定性的作用。GIS 软件的研制和开发取得了巨大成绩，仅 1989 年市场上有报价的软件就达 70 多个，并出现了一些著名软件，如美国环境系统研究所（ESRI）公司开发的 ARC/INFD。

（四）社会化阶段（20 世纪 90 年代）

进入 20 世纪 90 年代，随着信息高速公路的开通，地理信息产业的建立，数字化信息产品在全世界迅速普及，GIS 逐步深入到各行各业乃至千家万户，成为人们生产、生活、学习和工作中不可缺少的工具和助手。具体而言，一方面，GIS 已成为许多政府部门和机构必备的工作系统，并在一定程度上影响着他们的运行方式、设置与工作计划等；另一方面，社会对 GIS 的认识普遍提高，用户数量大幅度增加，从而导致 GIS 应用的扩大与深化。国家乃至全球性的 GIS 已成为公众普遍关注的问题，例如美国政府制定的"信息高速公路"计划；美国前副总统戈尔提出的"数字地球"战略；我国的"21 世纪议程"和"三金工程"；都不同程度地包含着 GIS 的问题。

二、国内发展状况

国内外不少人认为，19 世纪以来应用的地图和专题图就是一种模拟式的地理信息系统。按照这种说法，我国地理信息系统的起源可追溯到宋代的地理图碑，它刻绘了山脉、黄河、长江、长城以及全国各个级别行政机构，是宋代的中国地图。20 世纪 50 年代，随着计算机科学的发展和它在航空摄影测量学与地图制图学中的普及，以及政府部门对土地利用规划与资源管理的要求，人们开始用计算机来收集、存储、处理各种与空间和地理分布有关的图形和有属性的数据，并通过计算机对数据的空间分析来为管理和决策服务，这才促进了现代意义上的地理信息系统的产生。

我国 GIS 的实质性研究工作开始于 20 世纪 80 年代初，以 1980 年中科院遥感应用研究所成立全国第一个地理信息系统研究室为标志。纵观其发展历程，也可以归纳为以下四个阶段。

（一）筹备阶段（1978—1980 年）

1978 年，中国实行改革开放，加快了与西方先进国家的学术与技术交流，此时，地理信息产业被引进中国，但是由于人才、技术、设备、资金等方面的原因，发展 GIS 条件还不成熟，因此这一阶段主要是进行舆论宣传，提出倡议，组建队伍，组织个别实验研究等。

（二）起步阶段（1980—1985 年）

从 1980 年中国科学院遥感应用研究所成立全国第一个地理信息系统研究室，我国 GIS 开始步入正式发展阶段，并进行了一系列的理论探索和区域性研究，制定了国家地理信息系统规范。截至 1985 年国家资源与环境信息系统实验室成立。几年间，我国在 GIS 的理论探索、硬件配置、软件研制、规范制定、区域实验研究、局部系统建立、初步应用实验和技术队伍培养等方面都取得了较大进步，积累了丰富的经验。

（三）发展阶段（1985—1995 年）

这一时期，GIS 的研究作为政府行为，正式被列入国家科技攻关计划，开始了有计划、有组织、有目标的科学研究、应用实验和工程建设工作。GIS 进入了快速发展时期，全国建立了一批数据库；开发了一系列空间信息处理和制图软件；建立了一些具有分析和应用深度的地理模型和基础性的专家系统；在全国范围内出现了一批 GIS 的专业科研队伍，建立了不同层次、不同规模的研究中心和实验室；完成了一批综合性、区域性和专题性的 GIS 系统。同时，出版了有关 GIS 理论、技术和应用等方面的著作，并积极开展国际合作，参与全球性 GIS 的讨论和实验。

（四）产业化阶段（1996 年以后）

"九五"期间（1996—2000 年），原国家科委将 GIS 作为独立课题列入"重中之重"科技攻关计划，给予了充分的重视和支持，技术发展速度明显加快，GIS 基础软件技术支持得到了全面的加强，出现了一大批拥有自主版权的国产 GIS 软件，如北京超图公司的 Super Map、武汉吉奥公司的 Geogtar、武汉奥发公司的 Map GIS、北京大学的 City star（城市之星）、北大方正的方正智绘等，我国的 GIS 产业化模型已初步形成。

三、GIS 发展前景

目前 GIS 的研究和应用都处在一个高速发展的阶段。在国外 GIS 技术已被各级政府部门和企业界广泛认知和采用。尤其是在北美、欧洲、日本和澳大利亚等国家和地区，GIS 市场已经基本形成。GIS 数据公司和软件公司比较多，他们在 GIS 系统建立和空间数据的使用方面已有了一套比较规范和成熟做法。在我国 GIS 技术也正被越来越多的政府部门和大型企业所采用。虽然起步较晚，但是有后发优势可以少走弯路，以比较高的起点开展 GIS 的理论研究和开发应用工作。

（一）GIS 应用领域将不断深入

据统计，人类所接触到的信息中有 80％ 与地理位置和空间分布有关，所以 GIS 具有其非常广泛的应用背景。过去，GIS 往往被认为是一项专门技术，仅仅应用于政府决策、灾害评估、资源调查、城市规划、土地管理等领域。随着 GIS 技术的发展和市场的需求，其应用范围愈加广泛，将深入到人们日常生活、学习和工作的各个角落。我们可以这样想象，在不远的将来，人们每时每刻都离不开 GIS，人们的日常行为（比如购物、娱乐休闲、旅游路线的选择等）都可以轻而易举地使用 GIS 来满足要求。

（二）GIS 网络化趋势锐不可挡

计算机网络技术的飞速发展也在推动着 GIS 技术的快速更新和发展，使得在因特网上实现 GIS 日益成为热点，基于 WWW 的地理信息系统（WebGIS）已成为近年来 GIS 研究领域的一个热门话题。WebGIS 或互联网地理信息系统（IntenetGIS）是当前 GIS 的一个重要发展方向，随着 GIS 网络化技术的发展，人们通过互联网可以很方便地查询和获取不同地域、不同时段的地理数据、GIS 技术及获取帮助，也可以进行数据的实时发布和修改，真正实现数据共享。

（三）GIS 的全球化发展势在必行

继美国宣布了自己在信息领域的发展规划和蓝图之后，目前世界各国都在积极地发展和使用 GIS，制定有关 GIS 的政策，开展国家级的 GIS 项目。在美国、西欧和日本等发达国家，也已建立了国家及洲际之间的 GIS，GIS 应用国际化、全球化已成为一种必然趋势。

（四）GIS 技术日趋成熟

计算机技术和网络技术的飞速发展为 GIS 提供了先进的工具和手段，许多计算机领域的新技术，如面向对象技术、三维技术、图像处理和人工智能技术及网络技术等，都可直接应用到 GIS 系统中。GIS 也已从原来的"3S（GIS、RS、GPS）"技术的综合，逐渐实现了与 CAD、多媒体、通信、Internet、办公自动化、虚拟现实等多种技术结合，形成了综合的信息技术，GIS 技术正逐渐走向成熟。

（五）我国 GIS 前景展望

在我国，GIS 几乎进入所有与空间信息相关的领域，GIS 作为一门独立的产业已经成熟。我国 GIS 市场需求旺盛，软件迅速发展，应用不断成熟，专业公司快速成长。政府部门是我国 GIS 的主要应用领域，国家鼓励高新技术发展的政策将激励 GIS 产业的发展。随着新技术的发展，GIS 正在融入 IT 的主流，它与其他技术结合，将拓展信息技术的应用与作用。

四、GIS 面临的问题

（一）认识问题

国家和地方政府在 GIS 的基础投资太少，没有战略上提出一个 GIS 发展构想，没有把 GIS 建设到一个应有的高度。在美国，信息高速公路、数字地球却由总统、副总统提出，并以政府文件形式下达，现代化战争给我们一个警示，必须高度重视 GIS 的作用。

（二）人才问题

GIS 产业对人才不仅有一个量的要求，还要有个质的要求，这种人才不仅要有过硬的专业知识，还要有广博的知识面，不仅要懂得自然科学知识，而且还要了解和 GIS 结合的其他领域的专业知识特点，否则，可能造成严重后果。要懂得相当的社会科学、软科学知识。政府部门要拥有高素质的 GIS 人才，才能有效地利用 GIS 进行管理和决策。

（三）数据质量问题

影响 GIS 数据质量的因素千头万绪，名目繁多，存在许多不确定性，导致数据质量不好控制，给建库带来很多不便。进入数据库的数据质量过高，则是浪费，很不经济。反之，质量偏低，则达不到要求，可能造成严惩的后果。把握适度质量有一定难度。

（四）安全问题

特别是基于因特网的 GIS，要非常注意数据的保密性。而 GIS 中庞大的数据要逐一核实其对外发布是否符合国家安全是一件很困难的事，一旦出了问题，可能造成严重后果。

（五）网络通信建设不同步

低带宽的网络通信是制约 GIS 普及应用的一个瓶颈，另外网络产品的质量和价格将影响 GIS 的网上应用，更重要的是由于电信垄断使得网络服务质量跟不上，上网费用过高，严重影响了网络通信的发展，GIS 的有偿服务难以实现，WebGIS 产业化必将受阻。

（六）我国 GIS 发展面临的问题

与国外对比分析，目前我国 GIS 发展中存在的问题主要表现在如下几个方面：

（1）GIS 的科学和经济价值尚未被广泛地接受和认知，因此处于资金投入不足、推广应用比较困难的局面。

（2）根据有关资料的分析，地理信息系统中数据部分要占整个系统投资的百分之七十左右。也就是说，系统的建立需要大量的数字地图或电子地图及其属性信息库的支持，但在我国 GIS 地图数字化的比例还很低。这需要政府部门及有关企业投入大量的精力及资金进行数字地图的建库工作。

（3）GIS 市场尚未形成，有关数字产品的法律、权属、定价等方面的问题还没有得到有效地解决。

（4）有关数字地图产品的规范和标准，以及数据格式有待统一和完善。

（5）我国具有自己知识产权的 GIS 系统平台比较少，目前只有 MapGIS、GeoStar 等少数几个产品，大量进口 GIS 系统平台增加了 GIS 应用开发的成本。而且由于国情不同，进口 GIS 软件二次开发的工作量一般都比较大。

信息经济已经成为当今世界经济发展的重要特征之一，信息技术和信息产业的国际竞争日益激烈，我国 GIS 产业正面临着严峻挑战。正确认识 GIS 技术的发展动向，开发产品，推广应用，发展产业，增加国际竞争能力，才能立足于世界信息技术发展的潮流之中。

GIS、RS、GPS 等构成的空间信息技术将是未来发展最快的、最激动人心的领域之一，它结合通信技术，为人类展现了一种全新的工作和生活模式。当利用最新的技术把城市、国家乃至整个地球都高度浓缩到计算机屏幕上的时候，人类对自己的命运和未来就有了更充分的把握。

GIS 技术在我国正在得到广泛应用，在资源环境及设施的管理和规划中发挥着日益重要的作用，并且逐步形成为一门新兴的信息产业。随着 21 世纪的来临，一个新型的信息社会和空间时代即将展现在人们面前，地理信息技术将在国民经济建设中发挥更加重要、更加积极的作用。面对今天的计算机技术的快速发展，面对充满生机与活力的前景，我们应该进一步面向世界、抓住机遇、探索规律、促进 GIS 技术与产业的发展。可以预见，随着计算机技术的发展，信息高速公路的建成，一个以地理信息系统为平台，以信息高速公路为纽带的"数字地球"，必将为人类信息交流与共享提供一种全新的方式。

总之，中国地理信息系统事业经过十年的发展，取得了重大的进展。地理信息系统的研究和应用正逐步形成行业，具备了走向产业化的条件。

五、地理信息系统（GIS）应用领域

1. 资源管理（Resource Management）

主要应用于农业和林业领域，解决农业和林业领域各种资源（如土地、森林、草场）分布、分级、统计、制图等问题。主要回答"定位"和"模式"两类问题。

2. 资源配置（Resource Configuration）

在城市中各种公用设施、救灾减灾中物资的分配、全国范围内能源保障、粮食供应等机构在各地的配置等，都是资源配置问题。GIS 在这类应用中的目标是保证资源的最合理配置和发挥最大效益。

3. 城市规划和管理（Urban Planning and Management）

空间规划是 GIS 的一个重要应用领域，城市规划和管理是其中的主要内容。例如，在大规模城市基础设施建设中如何保证绿地的比例和合理分布，如何保证学校、公共设施、运动场所、服务设施等能够有最大的服务面（城市资源配置问题）等。

4. 土地信息系统和地籍管理（Land Information System and Cadastral Applicaiton）

土地和地籍管理涉及土地使用性质变化、地块轮廓变化、地籍权属关系变化等许多内容，借助 GIS 技术可以高效、高质量地完成这些工作。

5. 生态、环境管理与模拟（Environmental Management and Modeling）

区域生态规划、环境现状评价、环境影响评价、污染物削减分配的决策支持、环境与

区域可持续发展的决策支持、环保设施的管理、环境规划等。

6. 应急响应(Emergency Response)

解决在发生洪水、战争、核事故等重大自然或人为灾害时，如何安排最佳的人员撤离路线，并配备相应的运输和保障设施的问题。

7. 地学研究与应用(Application in GeoScience)

地形分析、流域分析、土地利用研究、经济地理研究、空间决策支持、空间统计分析、制图等，都可以借助地理信息系统工具完成。ArcInfo 系统就是一个很好的地学分析应用软件系统。

8. 商业与市场(Business and Marketing)

商业设施的建立充分考虑其市场潜力。例如大型商场的建立如果不考虑其他商场的分布、待建区周围居民区的分布和人数，建成之后就可能无法达到预期的市场和服务面。有时甚至商场销售的品种和市场定位都必须与待建区的人口结构（年龄构成、性别构成、文化水平）、消费水平等结合起来考虑。地理信息系统的空间分析和数据库功能可以解决这些问题。房地产开发和销售过程中也可以利用 GIS 功能进行决策和分析。

9. 基础设施管理(Facilities Management)

城市的地上地下基础设施（电信、自来水、道路交通、天然气管线、排污设施、电力设施等）广泛分布于城市的各个角落，并且这些设施明显具有地理参照特征的。它们的管理、统计、汇总都可以借助 GIS 完成，而且可以大大提高工作效率。

10. 选址分析(Site Selecting Analysis)

根据区域地理环境的特点，综合考虑资源配置、市场潜力、交通条件、地形特征、环境影响等因素，在区域范围内选择最佳位置，是 GIS 的一个典型应用领域，充分体现了 GIS 的空间分析功能。

11. 网络分析(Newwork System Analysis)

建立交通网络、地下管线网络等计算机模型，研究交通流量、进行交通规则、处理地下管线突发事件（爆管、断路）等应急处理。警务和医疗救护的路径优选、车辆导航等也是 GIS 网络分析应用的实例。

12. 可视化应用(Visualization Application)

以数字地形模型为基础，建立城市、区域、大型建筑工程、著名风景名胜区的三维可视化模型，实现多角度浏览，可广泛应用于宣传、城市和区域规划、大型工程管理和仿真、旅游等领域。

13. 分布式地理信息应用(Distributed Geographic Information Application)

随着网络和 Internet 技术的发展，运行于 Intranet 或 Internet 环境下的地理信息系统应用类型，其目标是实现地理信息的分布式存储和信息共享，以及远程空间导航等。

六、地理信息系统特征

GIS 是以地理空间数据库为基础，用计算机对空间相关数据进行采集、管理、操作、分析、模拟和显示，并采用空间模型分析方法，适时提供多种空间和动态的地理信息，为地理空间研究和决策服务而建立起来的软件系统。

地理信息系统具有以下三方面的特征：①具有采集、管理、分析和输出各种地理空间信息的能力；②具有强大的空间分析和多要素综合分析以及动态预测的能力，并能产生高层次的空间信息；③计算机系统的支持是地理信息系统的重要特征，它使得地理信息系统对复杂空间系统能够进行快速、准确、综合的定位和动态分析，完成人类本身难以胜任的工作。

地理信息系统作为一种以采集、储存、管理、分析和描述整个地球表面与地理分布有关数据的空间信息系统，与人类生存、地区的发展和进步密切关联，在我国已受到愈来愈大的重视。如：滑坡灾害的管理、预警预报和灾后重建、防治等问题，涉及到地理空间数据库的建立和空间定位及空间分析工作，具备能够存储、处理、分析、计算和成图，显示海量空间数据，地理信息系统具有得天独厚的优势。在进行滑坡灾害多因子定量模拟分析和对因子间互相关系的定量研究方面，地理信息系统中的多源地学专题信息复合叠加处理功能（OVERLAY）等具有明显的优势和极高的效率，对受控于多种因素影响和作用的滑坡灾害的定量仿真模拟和预测预报具有十分重要的理论指导意义和实用价值。

七、水利信息系统特点

对水库信息采用传统的方法进行管理有许多缺点和问题，主要表现为：

（1）收集的大量数据、资料分散地保存在各单位或个人手中，使数据难以共享，信息难以沟通。

（2）各种资料主要是以文字报告、统计表格和专题地图的形式表达存储，信息的有效利用困难，限制了调查成果的充分利用。

（3）在影响滑坡灾害的因素确定中，涉及到大量计算和一些地形要素的量测，如坡度等特征的定量因素，用传统方法量测，误差较大，速度又慢，影响了工作的精度和进程。

就水利信息技术而言，利用最新的信息管理理论和计算机技术，研究并开发水利信息管理系统，对水利管理的各种信息，按一定规则进行管理分析，为用户提供灵活的查询、检索、修改、统计、报表、制图等服务，对水利工作的有效管理和迅速展开具有十分重要的意义。

地理信息系统技术在水利信息管理研究中，有着许多其他方法所无法比拟的优点：

（1）定量性：地理信息系统是一个定量化的系统。

（2）灵活性：在地理信息系统支持下的信息系统中，信息是以数字化的电子化形式在计算机中存储的，这种信息是"活"的，便于修改，可重复使用，一劳永逸。

（3）快捷性：在地理信息系统中，各种分析都是通过计算机来实现的，与常规方法相比，可以节省大量时间。

（4）强大的综合分析能力：地理信息系统具有强大的空间数据处理能力，可以利用基本要素产生许多有用的新信息，从而进行综合分析。

（5）模型化能力：地理信息系统是一个模型化的系统，可以将用户的需求在系统中开发相应的分析模型进行模拟分析。

（6）更新能力：地理信息系统中的信息是"活"的，这是信息更新的前提。另外地理信息系统本身也提供了更新能力，遥感技术是地理信息系统的一个重要数据来源，可进行大面积区域的数据更新，对于局部的变化及遥感技术难以识别的信息，可以利用系统本身提供的更新方法进行更新。

（7）条件模拟能力：地理信息系统具有模拟功能。

（8）客观性：地理信息系统是一个计算机软硬件系统，各种处理都是由计算机来完成的，人工干预少，其分析结果较为客观。

（9）输出内容的丰富性：地理信息系统具有强大的产品输出能力，可以以图像、图表、文字等多种形式输出分析结果，输出内容丰富多彩。

（10）信息共享能力：地理信息系统可在计算机网络上运行，各部门可从客户机服务器里调用滑坡灾害信息系统中的信息，为各部门服务。

目前，许多商业大型 GIS 软件都有遥感影像处理功能，并将解译结果直接输入到空间数据库中，但其处理的影像多为航天遥感影像，这类影像的分辨率一般较低，因而航空影像在滑坡调查、多时相动态监测方面得到了广泛的应用。由于水库水位上升造成滑坡，而滑坡信息的解译仍以目视判读为主，解译结果一般绘制在地形底图上，然后再数字化进入空间数据库，该过程不但繁琐、费时，且数据质量也将受到影响。在 GIS 环境中开发相应的航空影像处理模块，通过影像的地形纠正和空间坐标配准后，即可将自动解译的有关信息直接进入 GIS 数据库，因而能快速获取研究区的历史和环境背景资料，包括地质构造、岩性、土地利用、植被覆盖等。而利用不同时相的遥感影像则能实现对研究区的动态跟踪，获取动态空间参数序列，为历史滑坡的实时编录和更新提供了数据源。

GPS 在大型滑坡动态监测中已获得较广泛的应用，在我国重大工程建设地区，如何将 GPS 监测数据直接传送给 GIS 系统，实现滑坡位移的跟踪和预报具有重要的社会意义。

八、地理信息系统和当今主流信息技术融合的途径

地理信息系统和当今主流信息技术的融合呈现出最新的发展态势。GIS 正向着数据标准化（Interoperable GIS）、平台网络化（Web GIS）、数据多维化（3D GIS）、系统集成化（Component GIS）、系统职能化（Cyber GIS）和应用社会化（数字城市、数字地球）的方向发展。

互操作地理信息系统（Interoperable GIS）是 GIS 系统集成的平台，它实现在异构环境下多个地理信息系统及其应用系统之间的通信协作。

基于 WWW 的地理信息系统（Web GIS）是利用 Internet 技术在网络平台上发布空间信息，供用户浏览使用，成为 GIS 社会化、大众化最有效的途径。

面向对象和构件的地理信息系统（Com GIS）是把 GIS 功能模块划分为多个标准的控件，完成不同的功能，通过可视化工具集成起来，形成最终的 GIS 应用。其特点有：构件对象的抽象性、构件对象的多态性、构件对象的继续性、构件对象的接口、构件对象的隐蔽性。

嵌入式地理信息系统（Enbed GIS）将 GIS 功能和嵌入式设备、嵌入式操作系统相结合，创造更自由随意的 GIS 应用模式。

三维地理信息系统（3D GIS）目前研究的重点在三维数据的结构设计、优化实现、立体可视化技术的应用、三维系统功能和模块功能设计等方面，这也是当今 GIS 研究的一

个难点。

时态地理信息系统（TGIS）中的空间总是和时间联系在一起的。将时间维嵌入三维空间数据模型中，将更有助于三维 GIS 对地学现象的模拟。时态地理信息系统就是具有地学过程分析功能的地理信息系统。而基于网络的时态地理信息系统就称为分布式时态地理信息系统（DTGIS），基于网络的虚拟现实时态地理信息系统就称为分布式虚拟现实时态地理信息系统（DVRTGIS）。

智能化地理信息系统（Agent GIS）中的智能体具有自动性、社会性、持久性和移动性，而且具有推理、学习、适应、复制、免疫和感知能力的主动对象。具有免疫能力的智能体能够抵抗恶意智能体的攻击，增强智能体在网络环境下的安全性。智能体以持续自动执行为特征，能够自动产生、适应、迁移、最后消失。智能体能够在网上漫游、查询信息、定位资源、与其他智能体进行交互。

开放式地理信息系统（Open GIS）是指在计算机和通信环境下，根据行业标准和接口所建立起来的地理信息系统，是为了使不同的地理信息系统软件之间具有互操作性，以及在异构分布的数据库中实现信息共享的最有效的途径。其核心是标准。实现的关键技术是：面向对象技术、分布计算技术、开放式数据库互连、分布式对象技术。具有的特点：互操作性、可扩展性、技术公开性、可移植性、兼容性、可实现性、协同性。

移动地理信息系统（Mobile GIS）指利用移动终端来直接上网，以获得因特网提供的信息服务，是移动通信技术、计算机网络技术、地理信息系统技术相结合的产物，用户可以随时随地上网获得个性化的信息服务。主要技术有：卫星通信技术、计算机网络技术、数据库技术、数据挖掘技术、数据安全技术等。

移动格网地理信息系统（Mob－Grid－Web GIS）是基于格网的移动地理信息系统，是未来最有发展前途的地理信息系统。当 Internet 实现了计算机硬件之间的共享和万维网 WWW（World Wide Web）技术实现了计算机上网页之间的互连后，栅格网 GGG（Great Global Grid）技术则实现了计算机之间所有信息资源之间的共享，这也是今后通信网络发展的方向。

九、当今地理信息系统的热点问题

（1）GIS 中的面向对象（object oriented）研究。

（2）时空系统（Spatial－Temporal System）：静态时空系统、历史时空系统、回溯时态系统、双时态系统。

（3）GIS 建模系统：目前 GIS 空间分析功能和各种领域的专用模型结合的主要途径有两种：一种是松散耦合式，即除 GIS 外，借助其他软件环境实现专用模型，其与 GIS 之间采用数据通信的方式联系；另外一种是嵌入式，即在 GIS 中借助 GIS 的通用功能来实现应用领域的专用分析模型。

（4）三维 GIS 的研究：①面向对象在 GIS 中的应用；②基于 icon 的用户建模界面；③GIS 与其他模型和知识库的结合。

在实际生产中，组件式地理信息系统（ComGIS）作为开发系统的应用平台具有显著的特点。

第三节 组件式地理信息系统 (ComGIS)

组件技术已经成为当今软件技术的潮流之一，为了适应这种技术潮流，地理信息系统软件像其他软件一样，正在发生着革命性的变化，即由过去的厂家提供全部系统或者具有二次开发功能的软件，过渡到提供组件由用户自己开发的方向上来。MapX 等优秀的 ActiveX 组件已经广泛应用到地理信息系统的软件开发中。ActiveX 组件的技术基础是组件对象模型 (Component Object Model, COM)，COM 是微软公司推出的技术体系。无疑，组件式地理信息系统技术将给整个地理信息系统技术体系和应用模式带来巨大的影响。

组件技术是近二十年来兴起的面向对象技术，并很快发展到成熟的实用化阶段。在组件技术的概念模式下，软件系统可以被视为相互协同工作的对象集合，其中每个对象都会提供特定的服务，发出特定的信息，并且以标准形式公布出来，以便其他对象了解和调用。组件间的接口通过一种与平台无关的语言 IDE (Interface Define Language) 来定义，而且是二进制兼容的，使用者可以直接调用执行模块来获得对象提供的服务。早期的类库，提供的是源代码级的重用；只适用于比较小规模的开发形式，而组件则封装得更加彻底，可以在各种开发语言和开发环境中使用。

COM 是开发软件组件的一种方法。组件实际上是一些小的二进制可执行程序、它们可以给应用程序，操作系统以及其他组件提供服务。开发自定义的 COM 组件就如同开发动态的，面向对象的 API。多个 COM 对象可以连接起来形成应用程序或组件系统。并且组件可以在运行时刻，在不被重新链接或编译应用程序的情况下被卸下或替换掉。Microsoft 的许多技术，如 ActiveX，DirectX 以及 OLE 等都是基于 COM 而建立起来的，并且 Microsoft 的开发人员也大量使用 COM 组件来定制他们的应用程序及操作系统。

COM 所含的概念并不只是在 Microsoft Windows 操作系统下才有效。COM 并不是一个大的 API，它实际上像结构化编程及面向对象编程方法那样，也是一种编程方法。在任何一种操作系统中，开发人员均可以遵循 "COM 方法"。

一个应用程序通常是由单个的二进制文件组成的。当编译器生成应用程序之后，在对下一个版本重新编译并发行新生成的版本之前，应用程序一般不会发生任何变化。操作系统，硬件及客户需求的改变都必须等到整个应用程序被重新生成。

目前这种状况已经发生变化。开发人员开始将单个的应用程序分隔成单独多个独立的部分，也即组件。这种做法的好处是可以随着技术的不断发展而用新的组件取代已有的组件。此时的应用程序可以随新组件不断取代旧的组件而渐趋完善。而且利用已有的组件，用户还可以快速地建立全新的应用。

传统的做法是将应用程序分割成文件，模块或类，然后将它们编译并链接成一个单模应用程序。它与组件建立应用程序的过程（称为组件构架）有很大的不同。一个组件同一个微型应用程序类似，即都是已经编译链接好并可以使用的二进制代码，应用程序就是由多个这样的组件打包而得到的。单模应用程序只有一个二进制代码模块。自定义组件可以在运行时刻同其他的组件链接起来以构成某个应用程序。在需要对应用程序进行修改或改进时，只需要将构成此应用程序的组件中的某个用新的版本替换掉即可。

组件对象模型（COM）是关于如何建立组件，以及如何通过组件建立应用程序的一个规范，说明了如何可动态交替更新组件。

组件架构的一个优点就是应用可以随时间的流逝而发展进化。除此之外，使用组件还有一些可以使对已有应用的升级更加方便和灵活的优点，如应用的定制、组件库以及分布式组件等。

使用组件的种种优点直接来源于可以将它们动态的插入或卸出应用。为了实现这种功能，所有的组件必须满足两个条件：①组件必须动态链接；②它们必须隐藏（或封装）其内部实现细节。动态链接对于组件而言是一个至关重要的要求，而消息隐藏则是动态链接的一个必要条件。

COM 组件由以 Win32 动态链接库（DLL）或可执行文件（EXE）形式发布的可执行代码所组成。遵循 COM 规范编写出来的组件将能够满足对组件架构的所有要求。COM 组件可以给应用程序、操作系统以及其他组件提供服务；自定义的 COM 组件可以在运行时刻同其他组件链接起来构成某个应用程序；COM 组件可以动态的插入或卸出应用。

恶意网站可以利用含有漏洞的 COM 组件接口，下载木马，并且执行；禁用 COM 组件一般是指设置了 Kill 位，即 IE 浏览器不能使用这个组件，通俗讲：通过设置 Kill 位，可以使 Internet Explorer 在使用默认设置时永不调用被禁用的 COM 组件，从而禁止该控件在 Internet Explorer 中运行。禁用含有漏洞的 COM 组件后，IE 就不能调用含有漏洞的 COM 组件；黑客利用有漏洞的 COM 组，写成的网页代码就不能在 IE 中被执行，木马等将不会被下载。

组件式地理信息系统（ComGIS）是把 GIS 功能模块划分为多个标准的控件，完成不同的功能，通过可视化工具集成起来，形成最终的 GIS 应用。

组件式对象模型（COM）是组件之间相互接口的规范，是 OLE（Object Linking & Embedding）和 ActiveX 的共同基础，其作用是使各种软件构件和应用软件能够用一种统一的标准方式进行交互。COM 不是一种面向对象语言，而是一种与源代码无关的二进制标准。COM 所建立的是一个软件模块与另一个软件模块之间的链接，当这种链接建立之后，模块之间就可以通过称之为"接口"的机制来进行通信。所谓接口，其确切定义是"基于对象的一组语义上的相关的功能"，实际上是一个纯虚类，真正实现接口的是接口对象（Interface Object）。一个 COM 对象可以只有一个接口，例如：Windows95/98 外壳扩展；也可以有许多接口，例如 ActiveX 控件一般就有多个接口，客户可以从很多方面来操纵 ActiveX 控件。COM 标准增加了保障系统和组件完整的安全机制，并扩展到分布式环境。

接口是客户与服务器通信的唯一途径，如果一个组件对象有多个接口，则通过一个接口不能访问其他接口。但是，COM 允许客户调用 COM 库中的 Queryinterface（）去查询组件对象所支持的其他接口。从这个意义上讲，组件对象有点像接口对象的经纪人。

在调用 Queryinterface（）后，如果组件对象正好支持要查询的接口，则 Queryinterface（）将返回该接口的指针。如果组件对象不支持该接口，则 Queryinterface（）将返回一个出错信息。所以，Queryinterface（）是很有用的，它可以动态了解组件对象所支持的接口。

接口是面向对象编程思想的一种体现，它隐藏了 COM 对象实现服务的细节。COM

对象可以完全独立于访问它的用户，只要接口本身保持不变即可。如果需要更新接口，则可以重新定义一个新的接口，对于使用老接口的用户来说，代码得到了最大限度的保护。

COM 本质上仍然是客户/服务器模式。COM 服务器实际上是组件对象的容器，而组件对象向 COM 客户提供服务。COM 客户通常是 EXE，也可能是 DLL，甚至就是 Windows 自己。COM 客户独立于 COM 服务器，因为 COM 客户并不知道 COM 服务器在哪里，甚至有没有这样的服务器都不知道。客户（通常是应用程序）请求创建 COM 对象并通过 COM 对象的接口操纵 COM 对象。服务器根据客户的请求创建并管理 COM 对象。

当一个客户请求某个 COM 对象的服务时，客户需要传递一个类标识符（CLSID），请求 Windows 去查找组件对象。如果 Windows 找到一个组件对象，就把接口的指针传递给客户。Windows 将从注册表中查找 COM 服务器的位置并定位一个合适的 COM 对象。

根据 COM 服务器与 COM 客户是否运行于同一个地址进程空间，COM 服务器分为三种，分别是 In – Process 服务器、Out – of – process 服务器、Remote 服务器。

In – Process 服务器通常是 DLL，它可以输出 COM 对象，并映射到客户的进程地址空间中运行。例如，一个嵌入到 Web 网页中的 ActiveX 控件，与 Internet Explorer 在同一个地址进程中运行。对于 In – Process 服务器来说，客户可以直接调用 COM 对象的接口。

Out – of – process 服务器或者 Local 服务器通常是 EXE，它与 COM 客户虽在同一个机器，但不在同一个进程空间中运行。例如嵌入到 Word 文档中的 Excel 电子表格就是 Local 服务器。

Remote 服务器可以是 EXE，也可以是 DLL，它与 COM 客户运行在不同的机器上。例如，用 Delphi 编写的应用服务器与"瘦"客户程序通常不在同一个机器上运行。

基于分布式环境下的 COM 被称作 DCOM（Distributed COM，分布式构件对象模型）。DCOM 是 ActiveX 的基础，它实现了 COM 对象与远程计算机上的另一个对象之间直接进行交互。DCOM 规范定义了分散对象创建和对象间通信的机制，规范本身并不依赖于任何特定的编程语言和操作系统，但目前该标准只实用在 Microsoft Windows 平台系统。

DCOM 的实现采用了 DCOM 库的形式，当 DCOM 客户对象需要 DCOM 服务器对象的服务时，DCOM 库负责生成 DCOM 服务器对象并在客户对象和服务器对象之间建立链接，一旦返回服务器对象指针，DCOM 库就不再参与客户对象服务器对象之间的工作，两个对象之间可以自由地进行通信。

DCOM 接口实际上是逻辑和语义相关联的函数集。服务器对象通过 DCOM 接口为客户对象提供服务，客户对象不需要了解服务器对象内部的数据表示。接口可以看成两个软件构件之间的一种协议，协议表明服务器对象为客户对象提供一种仅此一种服务。接口采用全局唯一标识符（GUID）来保证服务的唯一性。通常的 DCOM 构件提供多种服务，那么服务器对象为每一种服务实现一个接口。当客户对象指针指向相应的服务器对象时，它就激活服务器对象接口的相应函数。具体过程是：客户对象通过 DCOM 对象必须支持的 IunKnown 接口获得其他接口的指针。客户对象也许并不知道服务器对象的每一个接口，但这并不妨碍客户对象对服务器对象的使用，它只要知道它的接口。当客户对象用完服务器对象的服务时，它会通知服务器对象，服务器对象就会释放它所占有的内存。

DCOM 的好处是显而易见的。由于接口的定义和功能保持不变，DCOM 构件开发者可以改变接口功能、为对象增加新的功能、用更好的对象来代替原有的对象，而建立在构件基础上的应用程序几乎不用修改，大大提高了代码的重用性。

Delphi 支持 COM 接口规范，Object Pascle 语言增加了对象接口的方法。用 Delphi 创建的 COM 对象还可以工作在 MTS（Microsoft Transaction Server）环境中。

一、基于 ActiveX 技术的 MapX 组件

ActiveX 框架实际上是一组有继承关系的类的统称，它分别用于实现 COM 对象、COM 服务器、Automation 对象、ActiveX 控件、Activeform 以及特性页等。

运用 Delphi 的 ActiveX 框架来创建 ActiveX 控件，实际上就是把已有的基于 Twin Control 的控件转换为 ActiveX 控件。对于基于 Tgraphic Control 的控件来说，则不能直接转换，必须先改写该控件，把它的基类改为 Tcustom Control，因为 Tcustom Control 兼具 Twin Control 和 Tgraphic Control 的特征。然后，把它重新安装在元件选项板上。

MapX 是 Maoinfo 公司向用户提供的具有强大地图分析功能的 ActiveX 控件产品。由于它是一种基于 Windows 操作系统的标准控件，因而能支持绝大多数标准的可视化开发环境，如 Delphi 6.0、Visual C^{++}、Visual Basic、C#、Power Builder 等。编程人员在开发过程中可以选用自己最熟悉的开发语言，轻松地将地图功能嵌入到应用中，并且可以脱离 Mapinfo 的软件平台运行。利用 MapX，能够快速地在行业应用中嵌入地图化功能。增强行业应用的空间分析能力，实现行业应用的增值。MapX 采用基于 Mapinfo Professional 的相同的地图化技术，可以实现 Mapinfo Professional 具有的绝大部分地图编辑和空间分析功能。而且 MapX 提供了各种工具、属性和方法，实现这些功能是容易的。

（一）MapX 的空间数据结构

空间数据结构（图 2-1）是 GIS 的基石，GIS 就是通过这种地理空间拓扑结构建立地理图形的空间数据模型，并定义各种空间数据之间的关系，从而实现地理图形和数据库的结合。

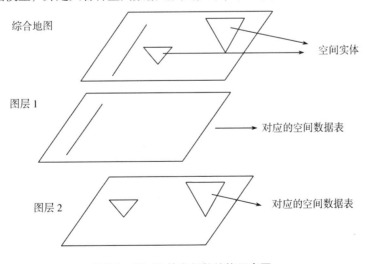

图 2-1　MapX 的空间数结构示意图

从横向分析，MapX 采取的空间数据结构是基于空间实体和空间索引相结合的一种结构。空间索引是查询空间实体的一种机制，通过空间索引，就能够以尽量快的速度给定坐标范围内的空间实体及其对应的数据。从纵向分析，MapX 的空间数据结构是一种分层存放的结构，用户可以通过图层分层技术，将一张地图分成不同的图层。采用这种分层存放的结构，可以提高图形的搜索速度，便于各种不同数据的灵活调用、更新和管理。

（二）MapX 组件的模型结构

MapX 组件的基本组成单元是 Object（单个对象）和 Collection（集合）。其中集合包括各类对象以及十多个对象的组合。每个对象和集合负责处理地图每一方面的功能。

由图 2-2 可以看出，位于顶层的是 MapX 对象本身，其他均由 Map 对象继承。Layers、Datasets、Annotations 是 Map 对象下面的三个重要分支。其中 Layer 主要用于操作地图的图层，Dataset 用于访问空间数据表，Annotation 用于在地图上标注文本或者符号。

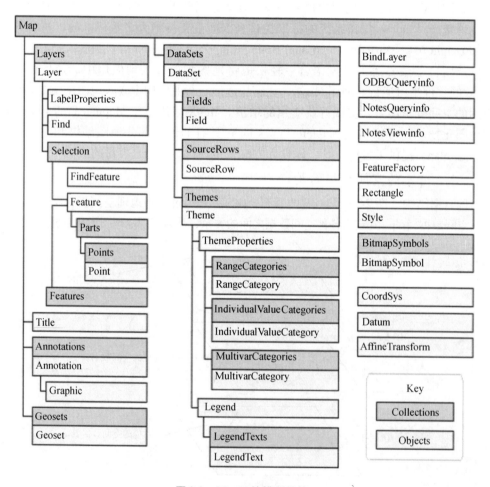

图 2-2　MapX 的模型结构

36

（三）MapX 的主要功能

（1）专题地图：将数据库中的特定值赋给地图对象的颜色、图案或者符号，从而创建不同的专题地图。具体类型有：范围值、等级符号、点密度、独立值、直方图和饼图 6 种类型的专题地图。

（2）可深入的地图：通过简单的点击方式可浏览与地图对象相连的数据信息。

（3）数据绑定：地图可通过嵌入的容器与数据相连，并提供了几种不同的数据绑定方式。

（4）注解：可提供方向、加亮显示特殊数据，还可加入文本、符号、表格，使地图信息更加丰富直观。

（5）图层：显示和控制图层的缩放、使用或者创建无封地图，还可支持一些特殊的应用，比如用于实时跟踪的活动图层和可绘制的特殊的图形用户自定义图层。

（6）栅格图像：采用栅格图像作为地图的基础图层，可使其他图层有一个更细致的背景。

（7）自动标记：自动在地图上加入标记，同时标记属性和显示。

（8）选择：可在地图上拖动鼠标在圆、矩形或者特定的点上选择一个或多个对象或者纪录，以供分析。

（9）对象库：可以使用 Feature Factory 对象，创建、联结或者删除点、线、区域图形对象。

（10）工具：使用 MapX 的标准工具或者根据需要自己创建的自定义工具，用户可通过点击或者拖拽方式对地图进行操作。

（11）地图编辑：允许用户添加、修改、删除地图上的文本、编辑区域、点等特殊对象。

（12）投影与坐标：MapX 允许用户调整地图的显示、用本地坐标系处理 X – Y 坐标数据。

（13）远程空间数据服务器：可以访问存储在 Oraclegi 和 Mapinfo SpatialWare 中的远程地图数据。空间数据服务器如 Oraclegi 和 Mapinfo SpatialWare 等都提供了先进的查询处理能力，提高了空间数据组织的性能。将空间数据存储到关系型数据库中，可以增加应用程序的灵活性。同时，也要求在地图编辑和大的数据集方面做更多的工作。

（四）MapX 的基本属性

每个 MapX 对象主要包括 Datasets、Layers、Annotations 三个对象集合。Map 对象有一些主要的属性，如 Zoom 用来设置放大级别（在地图上显示放大或者是缩小），Rotation 控制地图的旋转角度，CenterX 和 CenterY 用于设置 x 和 y 的坐标系，这决定于地图的投影。Map 对象的许多属性本身又是一个对象，比如说一副地图由多个图层组成，则在一个 Map 对象中存在一个单独的 layers 集合，其中包含所有图层的信息。具体情况如下：

Layers：在 MapX 中，每张单独的地图都被表示成单独的一个图层，所有的图层存储在 layers 集合中。Layers 集合由 layer 对象组成，按顺序为 1 到 n。layer 对象由 features 对象组成，features 对象又是由 Feature 对象组成，对应与地图中的点、线、区域或者符号。

最上面一层为 Layers（1），Layers（2）位于 Layers（1）的下面，以此类推。最下面地图层最先绘制，最上面的图层最后绘制。在应用程序中，合理地安排好每层在 Layers 中的顺序是至关重要的。比如说由两个图层，一层为点，一层为区域，则应将点层放在区域层的上面，否则区域会将点覆盖。另外，在进行地图选择操作时，根据要求调整图层的顺序也是十分重要的。MapX 中的选择工具总是从可选择的图层中的最上层开始选择的，如果在地图上的同一位置存在多个位于不同层的地图对象，其结果是很难精确地选择到目标对象的。因此，最好将被选择图层提到最上层显示。

GeoSets：GeoSet 是在 GeoManger 中建立好的 GST 文件，类似 Mapinfo 中的 WorkSpace 概念，是图层及其设置的集合，控制程序中显示的地图；也可以在运行阶段设置 Geoset，此时将所有加载的图层和 dataset 被删除而由 GeoSet 中定义的图层所代替。如果单纯地想删除所有图层，只需给 GeoSet 赋一个空字符串即可。可以使用 GeoSetManger 程序来管理 GeoSet 文件（.GST）。默认情况下 GST 文件存储在…\\ mapx \ maps 目录下，可以调用 GeoDictionary Manager 程序进行修改，指向用户程序数据所在的位置。

Datasets：Datasets 用于实现地图与数据的绑定。建立地理信息与属性数据之间的联系的过程称之为自动绑定或者自动匹配（autobinding/automatching）。要实现这个过程，必须首先将地图在 GeoDictionary 中注册。属性数据表示的可视化使得创建专题地图成为可能。

Annotations：Annotations 集合提供了操纵地图中文字和符号的简单集合。Annotations 位于所有其他图层的上方，并且不与任何数据连结，类似与 Mapinfo 中的透明图层。Annotations包括以下主要的属性和方法：AddSymbol 在 Annotations 增加符号，符号类型使用Map. DefaultStyle 定义；AddText 在 Annotations 中增加文本；Remove 删除特定的标注；Type取值为 miSymbolAnnotation 或者 miText Annotation。Annotations 还有一个非常重要的属性 Graphic，其定义为 Graphic 对象，在该对象中包含了符号或者文本的样式、位置等信息，即 Graphic 的 Caption、Position、Style、X、Y 属性。如 Annotations 的 Type属性定义为 miText Annotation，则可以定义 Graphic 的 Caption 属性设置标注的字符串。

可创建对象：在 MapX 对象模型中，以下对象是可以被创建的：AffineTransform、BindLayer、BitmapSymbols、CoordSys、Datum、Feature、Fields、LayerInfo、Map、ODBC-QueryInfo、Parts、Point、Points、Rectangle、RowValue、RowValues、Style、Variables、NotesQueryInfo、NotesViewInfo。

如果在 Delphi 6. 0 中创建这些对象时需要注意在后面注明 MapX 的版本。如在图 2-3 系统实现过程中，由于使用的是 MapX 3. 5 版本，因此创建语句要写成：s：= CreateOleObject（'MapX. Style. 3'）。

MapX 和 Mapinfo Professional 同属于一家公司的产品，和 Mapinfo 无缝集成，数据格式、数据结构、数据处理机制、数据集的描述、数据的分层处理、数据的对象方法等均完全一致。MapX 功能强大，系统的封装性较好，采用完全面向对象的方法，基于 COM 技术，符合软件开发的标准。

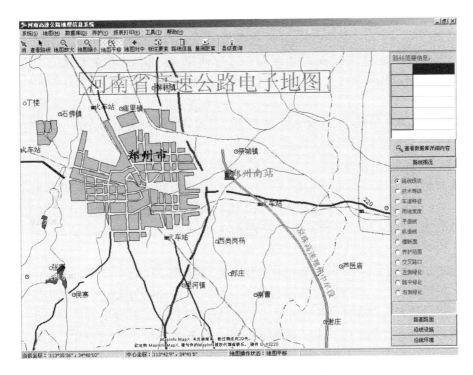

图 2-3   河南高速公路信息管理系统

二、ArcGIS Engine（AE）

ArcGIS Engine 是用于构建定制应用的一个完整的嵌入式的 GIS 组件库。利用 ArcGIS Engine，开发者能将 ArcGIS 功能集成到一些应用软件，如：Microsoft Word 和 Excel 中，还可以为用户提供针对 GIS 解决方案的定制应用。

在 ArcGIS 9 系列产品中，ArcGIS Desktop、ArcGIS Engine 和 ArcGIS Server 都是基于核心组件库 ArcObjects（AO）搭建。ArcObjects 组件库有 3000 多个对象可供开发人员调用，为开发人员集成了大量的 GIS 功能，可以快速的帮助开发人员进行 GIS 项目的二次开发。由于 ArcGIS Desktop、ArcGIS Engine 和 ArcGISServer 三个产品都是基于 ArcObjects 搭建的应用，那么对于开发人员来说 ArcObjects 的开发经验在这三个产品中是通用的。开发人员可以通过 ArcObjects 来扩展 ArcGIS Desktop，定制 ArcGIS Engine 应用，使用 ArcGISServer 实现企业级的 GIS 应用。ArcGIS 可以在多种编程环境中进行开发，其中包括：C^{++}、支持 COM 的编程语言、.NET、Java 等。

ArcGISDesktop 的开发包（SDK）包含在 ArcView、ArcEditor 和 ArcInfo 中，支持 COM 和 .NET 开发。用户可以应用 ArcGISDesktop SDK 来扩展 ArcGIS Desktop 的功能，例如添加一些新的工具，定制用户界面，增加新的扩展模块等。

ArcGIS Server 实现了一套标准的 Web GIS 服务（例如：制图，访问数据，地理编码等），支持企业级应用。ArcGISServer SDK 使得开发人员可以建立集中式的 GIS 服务器来实现 GIS 功能，发布基于 Web 的 GIS 应用，执行分布式 GIS 运算等。

39

2004 年，美国环境系统研究所（Environmental Systems Research Institute，ESRI）发布 ArcGIS Engine，ArcGIS Engine 开发包提供了一系列可以在 ArcGISDesktop 框架之外使用的 GIS 组件，ArcGISEngine 的出现对于需要使用 ArcObjects 的开发人员来说是个福音，因为 ArcGISEngine 发布之前，基于 ArcObjects 的开发只能在庞大的 ArcGIS Desktop 框架下进行。

1）ArcEngine 包括核心 ArcObjects 的功能，是对 AO 中的大部分接口、类等进行封装所构成的嵌入式组件。

2）ArcEngine 中的组件接口、方法、属性与 AO 是相同的。

开发环境：ArcObjects 必须依赖 ArcGIS Desktop 桌面平台，即购买安装了 ArcGISDesktop 的同时，安装 ArcObjects，才能利用 AO 进行开发；ArcEngine 是独立的嵌入式组件，不依赖 ArcGISDesktop 桌面平台，直接安装 ArcEngine Runtime 和 DeveloperKit 后，即可利用其在不同开发语言环境下开发。

AO 的功能更强大，AE 的功能相对弱些，AE 不具备 AO 的少部分功能。ArcEngine 具有简洁、灵活、易用、可移植性强等的特点。ArcGIS Engine 包含一个构建定制应用的开发包。程序设计者可以在自己的计算机上安装 ArcGIS Engine 开发工具包，工作于自己熟悉的编程语言和开发环境中。ArcGIS Engine 通过在开发环境中添加控件、工具、菜单条和对象库，在应用中嵌入 GIS 功能。例如：一个程序员可以建立一个应用程序，里面包含一个 ArcMap 的专题地图、一些来自 ArcGIS Engine 的地图工具和其他定制的功能。

所有用 ArcGIS Engine 构建的应用需要 ArcGIS Engine 运行库，Engine 运行库提供了 ArcGIS 应用的核心功能。ESRI 在桌面应用和服务器应用中使用了 Engine 运行库，这与构建部署应用方法是一样的。标准的 Engine 运行库可以通过增加专门的读写扩展，来增加对 Geodatabase 的读写支持，同样适用于空间分析扩展和 3D 分析扩展。

ArcEngine 相当于控件，它可以加载在多种编程软件中使用。现今，ArcEngine 编程语言一共有三种。

1）SDK for C#，可以在 Visual Studio 2008 等系列中加载工具箱控件后进行编程开发。

2）SDK for VB，很显然，当我们安装了 ArcGIS for VB 时，则可以用 Visual Basic 编程软件来加载控件后编程。也需要把 ArcGIS License 服务停止。

3）SDK for C++，如果你下载的 Visual Studio 支持 C++ 编程，那么可以在 VS 当中加载控件，和 SDK for C#一样。不同的是，你添加 Form 或者网页时语言要选择 C++。

三、组件技术与地理信息系统

地理信息系统的发展方向，经历的过程如图 2-4 所示。

图 2-4 地理信息系统的发展过程

而在软件模式上经历了功能模块、包式软件、核心式软件，从而发展到组件式地理信息系统（ComGIS）和网络地理信息系统（WebGIS）的过程。传统的地理信息系统虽然在功能上已经比较成熟，但是由于这些系统多是基于十多年前的软件技术开发的，属于独立封闭的系统。同时，地理信息系统软件变得日益庞大，用户难以掌握，费用昂贵，阻碍了地理信息系统的应用和普及。组件式地理信息系统的出现，为传统的地理信息系统面临的多种问题提供了全新的解决思路。

组件式地理信息系统的基本思想是把地理信息系统的各大功能模块划分为几个控件，每个控件完成不同的功能。各个地理信息系统控件之间，以及地理信息系统控件与非地理信息系统控件之间，可以方便地通过可视化的软件开发工具集成起来，形成最终的地理信息系统应用。控件如同一堆各式各样的积木，它们分别实现各种不同的功能（包括地理信息系统和非地理信息系统功能），根据需要把实现各种功能的"积木"搭建起来，最终构成应用性地理信息系统。

（一）组件式地理信息系统的优点

把地理信息系统的功能适当抽象，以组件形式供开发者使用，将会带来许多传统地理信息系统工具无法比拟的优点。

1. 小巧灵活、价格便宜

由于传统地理信息系统的封闭性，往往使软件本身变得越来越庞大，不同系统的交互性差，系统的开发难度大。在组件模式下，各组件都集中地实现与自己最紧密相关的系统功能，用户可以根据实际需要选择所需控件，最大限度地降低了用户的经济负担。组件化的地理信息系统平台集中提供空间数据管理功能，并且以灵活的方式与数据系统连接。在保证功能的前提下，系统表现得小巧灵活，而其价格仅是传统地理信息系统开发工具的十分之一，甚至更少。这样，用户便能以较好的性能价格比进行地理信息系统的开发。

2. 无需专门的地理信息系统语言，直接嵌入MIS开发工具

传统的地理信息系统往往具有独立的二次开发语言，对用户和应用开发者而言存在学习上的负担。而且使用系统所提供的二次开发语言，开发往往受到限制，难以处理复杂的问题。而组件式地理信息系统建立在严格的标准之上，不需要额外的地理信息系统二次开发语言，只需实现地理信息系统的基本功能函数，按照 Microsoft 的 ActiveX 空间标准开发接口。这有利于减轻地理信息系统开发者的负担，而且增强了地理信息系统软件的可扩展性。地理信息系统应用开发者，不必掌握额外的地理信息系统开发语言，只需熟悉基于 Windows 平台的通用集成开发环境，以及地理信息系统控件的各个属性、方法和事件，就可以完成应用系统的开发和集成。目前，Delphi、Visual C^{++}、C#、Visual Basic 等都可以直接成为地理信息系统的优秀开发工具，它们各自的优点都能够得到充分发挥。这与传统地理信息系统专门性开发环境相比，是一种质的飞跃。

3. 强大的地理信息系统功能

新的地理信息系统组件都是基于 32 位系统平台的，采用 Inproc 直接调用形式，所以无论是管理大型数据库的能力，还是处理速度方面，均不比传统的地理信息系统软件逊色。地理信息系统组件完全能够提供拼接、裁剪、叠合、缓冲区等空间处理能力和丰富的空间查询与分析能力。

4. 开发简捷

由于地理信息系统组件可以直接嵌入 MIS 开发工具中，对于广大开发人员来讲，就可以自由选用他们熟悉的开发工具。而且地理信息系统组件提供的 API 形式非常接近 MIS 工具的模式，开发人员可以像管理数据库表一样熟练地管理地图等空间数据，无需对开发人员进行特殊的培训。在地理信息系统或者 SMIS 的开发过程中，开发人员的素质与熟练程度是十分重要的因素。这将使系统开发人员能够较快地过渡到地理信息系统的开发工作中，从而大大加速了地理信息系统的发展。

5. 更加大众化

组件式技术已经成为业界标准，用户可以像使用其他 ActiveX 控件一样使用地理信息系统控件，即使是非专业的普通用户也能够开发和集成地理信息系统应用系统，有力地推动了地理信息系统的大众化进程，扩大了地理信息系统潜在的用户。组件式地理信息系统的出现使地理信息系统不仅是专家们的专业分析工具，同时也成为普通用户对地理相关数据进行管理的可视化工具。

（二）组件式地理信息系统开发平台结构

组件式地理信息系统开发平台通常可设计为三级结构：

（1）基础组件：面向空间数据管理，提供基本的交互过程，并能以灵活的方式与数据库系统连接。

（2）高级通用组件：由基础组件构造而成，面向通用功能，简化用户开发过程，如显示工具组件、选择工具组件、编辑工具组件、属性浏览器组件等。它们之间的协同控制消息都被封装起来。高级组件经过封装后，使二次开发更为简单。

（3）行业性组件：抽象出行业应用的特定算法，固化到组件中，进一步加速开发过程。以 GPS 监控为例，在 GPS 应用方面，除了需要地图显示、信息查询等一般的地理信息系统功能外，还需要特定的应用功能，如动态目标显示、目标锁定、轨迹显示等。这些 GPS 行业应用性功能组件被封装起来后，开发者的工作就可简化为设置显示目标的图例、轨迹显示的颜色、锁定的目标，以及调用、接收数据的方法等。

组件式地理信息系统是促进面向对象技术和分布式计算机软件技术两大主流相结合的有效途径，组件式地理信息系统的开发就是将复杂的软件分成若干功能部件，这些部件可以来自不同的厂家，可以用任何语言开发，开发环境也无特别的限制，若干部件可以根据应用的要求，可靠而有效的组合在一起完成复杂的任务，而且通过编程语言调用控件本身的语句来对控件进行控制，最大限度地实现了代码的重用。

第三章 流域信息管理系统研究与应用现状

第一节 数字水利

水是基础性的自然资源和战略性的经济资源。水资源的可持续利用，是经济和社会可持续发展的重要保证。作为水利事业的重要组成部分，水库的安全、经营和管理状况直接关系着水资源的合理开发和高效利用，关系着广大人民群众的生命财产安全。

水利行业是一个历史十分悠久的行业，也是信息十分密集的行业。水利部门要向国家和相关行业提供大量的水利信息，如汛情旱情信息、水量水质信息、水环境信息和水工程信息等。水库作为水利系统最基层的工程，其智能化建设是水利信息化的基础。我国有许多水库是运行二十多年了的老水库，电站设备和管理都相对陈旧，随着计算机与信息技术的快速发展，采用新技术、新设备对整个水库的设备与管理进行现代化改造，进行水库智能化建设，可以进一步挖掘水库的潜力，加强水库运行的可靠性，水库智能化系统的建立，将大大提高雨情、水情、工情、旱情和灾情信息采集的准确性及传输的时效性，作出及时、准确的预测和预报，制定防洪抗旱调度方案，为上级部门的决策提供科学依据。

中国是当今世界拥有水库数量最多的国家。截至 2003 年底，国内已建成各类水库 85153 座，总库容约为 6000 亿 m^3，每年为城市供水达 200 多亿 m^3，灌溉耕地约 24000 万亿亩，水电装机达 1 亿 kW·h，占国内电力总装机容量的 1/4。这些水库在防洪、发电、灌溉、供水、航运、水产养殖、旅游、环境生态保护等方面发挥了巨大的综合效益，为中国社会与经济发展作出巨大贡献。

但是，中国大部分的水库兴建于 20 世纪 50—70 年代，受当时条件制约，许多工程先天不足，且随着工程的逐年老化、失修，再加上管理落后，致使许多水库成为病险水库。中国 8 万多座水库，就有 3 万多座带"病"工作，成为水利工程的一大隐患，一旦失事，将直接危害下游及保护范围的人民群众生命财产、城镇、工业和公共设施安全。目前，中国共有病险水库 30400 多座，占到水库总数的 36.3%。

自 1998 年以来，中国政府加快整治病险水库的步伐，截至目前已累计安排 199.2 亿元人民币的资金，用于补助首批 1573 座病险水库的除险加固，到今年底可基本完成其中的 1346 座，使其达到一类坝的标准。第二批 1900 余座病险水库除险加固项目也将启动。与此同时，长江中下游、松花江、辽河、海河、淮河、珠江等大江、大河的堤防防洪体系建设也取得重大进展，国内已有 236 座城市达到国家防洪标准。

上面所叙述的我国水库的情况，说明了我国各级部门对水利事业的高度重视，尤其对水利的建设提到了战略的高度。但是，与之而来的会产生一系列问题。随着水库数量的增加，人们对水库的利用要求越来越高，同时对水库各项性能指标也提出了新的要求。

数字水利是指以可持续发展理念为指导，以人水和谐作为终极目标，采用以信息技术为核心的一系列高新技术手段，对水利行业进行技术升级和改造，以全面提升水事活动效率和效能的发展战略与发展过程。

（1）数字水利是水利行业基于可持续发展理念的高技术发展战略。经过近几年理论研究和探索，水利行业已形成较为系统的可持续发展理论体系，这个理论体系是我国水利事业发展的思想宝库，但思想必须付诸行动，正确而有效的行动则决定着我国水利现代化的实际进程。"科技是第一生产力"，当今以信息技术为核心的高新技术发展迅速，为水利行业全面技术升级提供了可能，水利政务、防汛减灾、水资源监控管理、水环境综合治理、大型水利工程的设计和施工、大中型灌区的综合管理等，都迫切需要采用计算机技术、通信网络技术、微电子技术、计算机辅助设计技术、3S技术（遥感、地理信息系统、全球定位系统）等一系列高新技术进行技术改造，水利行业有必要站在当今科学技术的制高点，结合水利行业的应用需求，提出一个较为系统的技术发展战略，为可持续发展水利这一理念体系提供可操作的技术内涵。可持续发展水利和数字水利将分别成为我国水利现代化发展的理论基石和技术基石。

（2）数字水利是水利行业进行技术升级的一个历史过程。很显然，数字水利不会一夜发生，它需要政府、研究机构、商业组织和个人的共同努力，它需要大量的基础和应用技术研究。我们不仅要清楚地明白水利发展的任务，正确甄别某一区域的水问题所在，分析围绕水问题解决的应用需求，梳理水利业务运作的信息流程，找到提高水事活动效率和效能的切入点，更要跟踪把握当今信息技术的最新进展，研究各类信息技术与水利行业需求结合的解决方案，开发和部署水利各类业务应用信息系统，培养使用和维护这些业务系统的技术人才，这些都是实施数字水利战略必须的过程。我们需要政策规划、技术标准、解决方案、资金投入、人才准备，这些都不可能一蹴而就，数字水利就是做好这些工作的一个历史过程。这里，数字水利与水利信息化产生了某些相同的语义，数字水利就是新的历史条件下的水利信息化发展战略。两者的不同之处在于：水利信息化是水利行业计算机和信息技术应用的整个历史过程，而数字水利是以可持续发展水利治水思路和数字地球战略为背景的水利高技术发展战略，其出现应以2000年前后治水新思路出现和通信行业大规模应用数字电路技术为标志。

（3）数字水利的前沿研究领域是数字流域。尽管数字地球是数字水利提出的重要技术背景，但数字地球的自然延伸不是数字水利，而是数字流域。流域和地球都是自然空间地理概念，而水利是行业概念，有人简单地套用数字地球的技术概念，把数字水利等同于数字流域，把数字水利的内涵大大缩小了。数字流域是数字水利的一部分，实施数字水利战略必须以把握水循环运动规律和甄别水问题为前提，而数字流域正是以流域为研究单元把握流域水循环运动规律和水问题的利器。数字流域很自然地延用数字地球的空间地理信息框架，运用远程自动测控技术采集各类流域相关水信息，采用数学模型手段对流域水循环（包括自然循环和人工循环）运动进行仿真模拟，建立三维流域水信息平台，为流域水问题解决和社会经济宏观决策提供依据，构成数字水利最为活跃的前沿研究领域。

（4）数字水利可以成为一门新的学科。从学科建设的角度，我们可以把支撑数字水利战略实施的知识技术体系叫做数字水利。正如水信息学脱胎于计算水力学，数字水利是传承水信息学的进一步发展，是2000年以来发展了的现代水信息学。它从解决水问题的实际需求出发，以水循环的仿真模拟为基础，综合汲取运用水科学（水文学、计算水力学、环境水力学、生态水文学、湖泊学与海洋学等）、信息科学（数据库与数据挖掘、可视化与系统仿真、"3S"技术、决策支持与专家系统等）、系统科学（系统分析理论、信息论和控制论、非线性理论等）和社会科学（水资源政策、法律规范和标准、经济学等）最新研究成果，服务于提高水事活动效率和效能的目标，为水利现代化提供技术支撑。多学科交叉、创新、集成是其典型特征。与传统水信息学相比，数字水利的研究目标更为清晰，研究内容更为丰富，大量的与水相关业务应用系统的开发和部署为数字水利这一新学科提供了生动的应用案例，推动着数字水利学科的发展和完善。

水利信息化是充分利用现代信息技术，开发和利用水利信息资源，包括对水利信息进行采集、传输、存储、处理和利用，提高水利信息资源的应用水平和共享程度，从而全面提高水利建设和水事处理的效能及效益。水利行业作为传统行业，要实现由工程水利向资源水利转变，由传统水利向现代水利、可持续发展水利转变，必须加快水利信息化及现代化步伐。20世纪70年代，我国水利信息化在一些水利领域开始运用，到2003年《全国水利信息化规划》正式出台，标志着信息化的全面展开。虽然目前在电子政务、防汛抗旱、水文系统、水土保持监测系统、水资源调度等方面做了大量的工作，取得了一定的成绩，但离水利信息化的要求还是有相当大的距离。

一、我国水利信息化同国外的差距

我国水利现代化研究课题组2004年2月的调查显示，我国水利信息化指数（指洪水预警、水资源调度、水生态监控系统覆盖率、水利设施自动化率和电子政务实现程度等）现状值仅为30%，而美国和日本等发达国家在20世纪90年代水利信息化指数就达95%以上。

（一）我国没有形成完备的系统基础数据库

2001年7月前美国地质调查局建立了遍布全美的150多万个数据采集点，其中有33.8万个河流和含水层水质采样点，2.12万个过去和现在的河流流量站点，7570个提供河流、湖泊、水库、地下水和气象站的实时信息数据，以及137万口井，创办了国家水信息系统网站，用户可以在网上随时获取实时数据和档案数据。而我国的水利信息基础数据建设面临着测站稀少、基础数据缺少的现状，有关调查资料显示，我国大型灌区平均0.37万 km^2 才有一个水位、流量观测点，单位测点控制渠道长度达94km，根本无法对用水户的用水信息进行实时监控和反馈。

（二）我国信息公共网络尚待完善

20世纪90年代美国和日本在公共网络建设方面相继实施了"国家信息基础设施（NⅡ）行动计划"和"信息流通新干线网"计划。到2001年6月日本的水利、气象部门已能够在英特网地图上分A、B、C三个等级标明全国各地遭受水灾威胁的预报，并与河流实时水情信息一同在网上发布。虽然我国的通讯技术在近几年发展较快，但和发达国家相比仍较落后，中国信息产业部电信管理局的调查显示，目前我国互联网普及率只有4%，而北美和欧洲已分别达到39%和27%，亚太地区也达到了22%。互联网建设的落后严重制约着我国水利信息化建设。

（三）我国软件的标准化和通用性差

发达国家信息化所需软件由国家信息化部门统一研发，因此在信息化软件的标准化和通用程度方面做得较好，而我国目前所开发的信息化软件大多存在着通用程度不高、性能单一的问题。在灌区水利信息化软件开发方面，英、法、美等许多西方发达国家的灌区已普遍运用由国际粮农组织统一开发的灌溉计划管理信息系统（Scheme Irrigation Management Information System，SIMIS），该系统是一个通用的、模块化的系统，具有适用性好、多语言（英、法、西等）和简单易用的特点。而我国的水利信息化软件研发方面大多数由一些水利信息化公司完成，各公司之间存在着技术垄断，开发出的软件无法保证通用性。此外，大多数信息化公司所研发的软件仅是针对某一地区的水利信息化建设，性能单一，因此无法在全国范围内推广。

二、我国水利信息化建设面临的难点

（一）如何强化对水利信息化的认识

我国的水利信息化建设虽已在全国范围内展开，但目前许多地方的水利信息化建设仅局限于做表面文章，盲目搞"形象工程"，不注重实效。究其原因，主要是对水利信息化缺乏深刻认识。某些地区的水利部门甚至将水利信息化简单理解为添置几台计算机、建立一个局域网。这和我们所强调的集信息采集、传输、存储、处理于一体的水利信息化存在着相当大的差距。我们要实施的水利信息化建设包括水利信息基础设施、水利业务应用及水利信息化保障环境建设，是用于水利行业的"数字化"，它是一项系统工程，而不仅局限于电子政务、网络办公。

（二）如何建立水利信息基础数据库

我国大部分地区长期以来轻视数据资料的收集、整理，信息化建设基础比较薄弱，大量的基础资料尚未数字化，仍停留在纸张、照片等介质上。信息化建设作为一项系统工程，从信息的采集、传输到数据库的建设是一个完整的系统，可以将相应的信息"一步到位"存储到数据库中，供进一步分析使用。但是，能够进行自动采集的信息是有限的，特别是信息化建设需要以前长期工作积累的资料，必须用手工或借助于一定的手段输入到数据库中。就我国目前的水利信息化发展水平来看，这是一项繁重的同时又是紧迫的工作。

（三）如何实现水利信息化统一布局、统一管理

由水利部信息化工作领导小组办公室主持编写的《全国水利信息化规划》（即"金水工程"规划）虽已出台，但我国的水利信息化建设呈现参差不齐的格局。目前，在广东、江苏、浙江等沿海沿边地区信息化建设投资力度较大，水利信息化建设位于全国前列，但中西部地区的信息化建设相对落后。只有在全国范围内各地区、各流域的信息化建设统筹规划布局、统一管理，才能切实有效地解决好我国当前所面临的水问题，满足科学发展观指导下的治水新思路的要求，最终实现水利现代化。

（四）如何分配信息化建设软、硬件投入

信息化建设中硬件和软件的建设必须齐头并进，但由于我国部分地区的信息化建设只

是盲目地搞"形象工程"，呈现只重视硬件投入，不重视软件开发投入的倾向；某些领域虽有相关软件开发，但存在着性能单一、扩充性差、通用性不高等一系列问题。这不但使得硬件不能充分发挥效力，系统操作维护困难，资料的整理分析等后续工作仍需要手工操作，没有真正减轻工作量和提高工作效率，还造成大量投资浪费。

（五）如何建立水利信息化公共平台

我国水利信息化还处于起步阶段，各种信息基础设施与共享机制建设仍不配套，导致有限的信息资源共享困难，严重制约着水利信息化公共平台建设。主要表现在：网络基础设施不足阻碍信息交流；服务目标单一，导致条块分割；信息化标准规范不健全形成数字鸿沟；共享机制缺乏，产生信息壁垒。此外，我国的信息化建设没有统一的规划和标准，各地区的信息化建设，各自为政、各自封闭，使得地区之间的信息难以共享，也难以与其他相关系统实现联网，共享信息。在同一地区的信息化建设中也往往存在着重复开发、重复建设，造成很大浪费的现象。

（六）如何筹措水利信息化建设资金

我国的水利工程建设资金长期以来是靠国家投资，各级地方水利部门依赖国家水利投资搞信息化建设，这样势必造成水利信息化经费投入的严重不足，导致水利信息化建设基础设施薄弱，信息源开发不足，信息采集和传输手段普遍较为落后的问题。至今我国水利行业尚未形成覆盖全行业的信息网络，涉及国计民生的防洪抗旱、水资源管理、水质监测、水土保持等重要领域，都没有形成全国范围的应用系统。

（七）如何规范水利信息系统工程市场

我国的水利信息系统工程市场还很不规范，没有形成完善的市场机制。在信息化工程建设前期，缺乏对项目的可行性论证和对用户需求的全面、准确分析，缺乏对信息化工程承建单位能力、信誉、资质的认定，这就给一些信息化建设公司弄虚作假提供了可乘之机；在信息化建设过程中，缺乏对工程进度和资金的严格控制，这就造成许多信息化项目不成功、不完善，长期收不了口，"豆腐渣"工程层出不穷。

（八）如何培养和引进水利人才

水利系统信息化人才匮乏，尤其缺乏管理人才和技术人才。我国水利系统信息化人员存在的主要问题是：信息化普及程度不高，专业技术人才缺乏，网络管理和软件开发技术骨干引进难，严重制约着自身业务的开展。

三、水利信息化建设

信息化是当今世界经济和社会发展的大趋势，也是我国产业优化升级和实现工业化、现代化的关键环节。水利信息化就是指充分利用现代信息技术，深入开发和广泛利用水利信息资源，包括水利信息的采集、传输、存储、处理和服务，全面提升水利事业活动效率和效能的历史过程。

水利信息化可以提高信息采集、传输的时效性和自动化水平，是水利现代化的基础和重要标志。为适应国家信息化建设、信息技术发展趋势、流域和区域管理的要求，大力推进水利信息化的进程，全面提高水利工作科技含量，是保障水利与国民经济发展相适应的必然选择。水利信息化的目的是提高水利为国民经济和社会发展提供服务的水平与能力。

水利信息化建设要在国家信息化建设方针指导下，适应水利为全面建设小康社会服务的新形势，以提高水利管理与服务水平为目标，以推进水利行政管理和服务电子化、开发利用水利信息资源为中心内容，立足应用，着眼发展，务实创新，服务社会，保障水利事业的可持续发展。

水利信息化的首要任务是在全国水利业务中广泛应用现代信息技术，建设水利信息基础设施，解决水利信息资源不足和有限资源共享困难等突出问题，提高防汛减灾、水资源优化配置、水利工程建设管理、水土保持、水质监测、农村水利水电和水利政务等水利业务中信息技术应用的整体水平，带动水利现代化。

从水利信息管理方面来看，包括水资源管理系统、防汛抗旱指挥管理系统。系统内包括若干子系统。水资源管理系统包括数据库、信息查询、决策支持及水资源业务管理系统。防汛抗旱指挥系统包括防汛和抗旱数据库、防汛与抗旱信息服务系统、防汛与抗旱业务管理系统、水情预警监控系统、应急指挥系统等。

农村水利是重点。加快全国农村水利管理信息系统建设，尽快开发完成农村饮水安全、农田水利基本建设、大型灌区建设与管理等10个主要业务应用模块，建成覆盖水利部机关、省级水行政主管部门及大型灌区、重点农村供水单位的农村水利管理信息系统，形成科学合理的开放式架构。在系统建设过程中，要充分利用水利信息网等现有资源，着力加强原有系统升级改造和整合工作，建立完善的农村水利数据库和数据维护更新机制，实现管理信息网上处理。省级水行政主管部门要把农村水利管理信息系统建设作为一项基础性工作，把系统应用融入农村水利主管部门日常工作，加强信息采集和规范数据上报工作，同时要在统一的技术架构下着手建设各省、自治区、直辖市农村水利管理信息系统。

水利信息化是水利现代化重要标志。长期的水利实践证明，完全依靠工程措施，不可能有效解决当前复杂的水问题。广泛应用现代信息技术，充分开发水利信息资源，拓展水利信息化的深度和广度，工程与非工程措施并重是实现水利现代化的必然选择。以水利信息化带动水利现代化，增加水利的科技含量、降低水利的资源消耗、提高水利的经济效益是新世纪水利发展的必由之路。

水利信息化是提高防治洪涝干旱灾害、提高水资源管理水平的需要。水利信息系统的建立，能大大提高雨情、水情、工情、旱情和灾情信息采集的准确性及传输的时效性，提高预测和预报的及时性和准确性，为制定防洪抗旱调度方案、提高决策水平提供科学依据，最终达到充分发挥已建水利工程设施的效能。此外，水资源合理配置、防污治污工作的开展和决策需要水量、水质和水工程等多方面信息的联合决策，迫切需要利用现代信息技术及时收集和处理大量的信息，为水资源调度、合理使用以及保护决策提供及时准确的信息支持。

水利信息化是实现新的治水思路的需要。水利工作要从过去重点对水资源的开发、利用和治理，转变为在水资源开发、利用和治理的同时，更为注重对水资源的配置、节约和保护；要从过去重视水利工程建设，转变为在重视水利工程建设的同时，更为注重非工程措施的建设；要从过去对水量、水质、水能的分别管理和对水的供、用、排、回收再利用过程的多家管理，转变为对水资源的统一配置、统一调度、统一管理。水利信息化是实现上述转变的重要技术基础。

水利信息化是政府部门转变职能的重要内容。政府机构改革和职能转变，客观上要求政府部门广泛获取、深入开发利用信息资源以更好地管理复杂的政府事务，提高管理水平和工作效率，加强政府与公众之间的联系，使社会各界有效监督政府的工作，达到改进服务的目的。水利各级部门作为政府的职能部门同样需要水利信息化来实现职能转变。

水利信息化是促进国民经济协调发展的需要。水利信息化对于建立包括节水型农业、节水型工业在内的节水型社会，推进城市化进程，提高资源共享，促进国民经济协调发展具有十分重要的现实意义和长远的历史意义。特别是对于全面建设小康社会，开发西部缺水地区，提高水资源的利用率，促进国民经济协调发展，也将具有重要现实意义和长远的历史意义。

水利信息化是实现水利现代化的重要手段。微电子技术的迅猛发展，使人类逐步进入了一个全新的信息网络时代。电子商务、电子政务、电子公务、电子服务在信息化的浪潮中一个接一个地被推到了现代社会的前台，信息技术是当今世界最先进的生产力，是现代经济发展、现代社会文明最强有力的推动力。当前我国水利建设正处在传统水利发展的历史时期，率先实现水利现代化已成为我国东南沿海经济较发达地区的各省、市水利部门的共同目标。江泽民总书记曾明确指出信息化是覆盖现代化的。

水利信息化为水利现代化架桥。新世纪新形势下我国水利信息化建设面临难得发展机遇，前水利部长汪恕诚在不久前召开的全国水利信息化工作座谈会上指出："在水利现代化建设中，必须大力推进水利信息化的进程。把水利信息化作为一项战略任务，抓紧抓好。"新世纪水利建设出现了前所未有的好形势，党中央、国务院高度重视水利工作，全社会广泛关注水利工作，治水新思路日臻完善，并以此为指导展开了许多重大实践活动，水利投入大幅度增加。同时，国家加大了信息化建设力度，以水利信息化建设推动水利现代化建设已成为行业内的一项共识。特别是现代水利、可持续发展水利对信息化工作的重要依赖关系，为水利信息化建设进程的加快提供了机遇和动力。在现代水利、可持续发展水利新的治水思路指导下，1996年水利部成立了信息化工作领导小组，初步制定了《全国水利信息化规划纲要》。

《纲要》根据国家信息化的方针和原则，结合现代水利工作的实际需求，形成的总体思路是：根据中共中央关于编制"十五"计划的建议精神和《全国水利发展"十五"计划和2010年规划》确定的发展目标，结合水利事业主要属于社会公益型事业和水利管理实行流域管理与区域管理相结合的特点，充分发挥行业优势，积极采用先进技术，按照"统一规划，各负其责；平台公用，资源共享；以点带面，分步建设"的思路，逐步建立起与国民经济基础设施地位相适应的、能有效促进水利事业可持续发展的水利信息化体系，以推进水利行业的技术优化升级和提高行业的管理水平，更好地为国民经济建设和社会发展服务。

《纲要》提出全国水利信息化建设的近期目标是：从现在起用5年左右的时间，基本建成覆盖全国水利系统的水利信息网络，全面开发水利信息资源，建设和完善一批水利基础数据库，健全信息化管理体制，形成法规、标准规范和安全体系框架，全面提供准确、及时、有效的信息服务。通过水利信息化，将重点建成国家防汛指挥系统、全国水利政务信息系统、国家水质监测和评价信息系统、国家水资源管理决策支持系统、全国水土保持监测与管理信息系统、全国农村水利水电及电气化管理信息系统等，并部署实施其他应用系统的建设。同时，建立水利信息化教育培训体系，培养和造就一批水利信息化技术和管理人才。《纲要》还提出在七大流域机构、经济发达省份、国家重点工程、大城市率先实现水利信息化。到 2010 年，全面完成全国水利信息公用平台的建设，建成全国水利信息网络，全面完成 10 个应用系统和安全体系的建设并投入运行，在水利系统基本实现信息化。

信息化是当今世界经济和社会发展的大趋势。水利信息化是水利现代化的基础和重要标志。在水利现代化建设中，要大力推进水利信息化进程，利用水利信息化推动水利现代化。汪恕诚部长在 2001 年全国水利厅局长会议上明确指出："要充分利用科学技术发展创造的有利条件，坚持用高新技术对水利传统行业进行技术改造，特别要注意采用计算机技术、微电子技术、现代通信技术、遥感技术、地理信息系统（GIS）、全球定位系统及自动化技术等，实现水利信息化。"

在水利信息化系统建设中，地理信息系统（GIS）是系统构建的框架，是辅助决策的工具，是成果展示的平台。国内水利行业应用 GIS 技术始于 20 世纪 90 年代初期，大致经历了认识了解、初步应用和结合 GIS 技术进行深入研究三个阶段。最早接触 GIS 技术的主要是一些科研院所和高等院校，当时的应用只注重数据的可视化，主要发挥它的查询、检索和空间显示功能，即只发挥了 GIS 的最低层次的功能。近年来，随着 GIS 在水利领域的应用范围不断扩大，应用层次也逐渐深入，一些部门将它作为分析、决策、模拟甚至预测的工具，其社会经济效益也比较明显地显示了出来。

ArcGIS 与 ERDAS Imagine 软件在我国水利行业的应用已经颇具规模，在许多水资源管理、防汛抗旱、水土保持监测、水环境监测评估、水文地质、农田灌溉、水利工程规划等项目中得到了广泛的应用并产生很大影响，在我国的水利信息化建设中发挥了重大作用。目前，ESRI 的产品已经成为中国乃至全球用户群体最大，应用领域最广的 GIS 平台。

四、水利信息化系统建设对 GIS 的要求

地理信息是水利工作的重要基础信息之一，85% 以上的信息都跟地理信息相关。传统的对地理信息的手工处理方式已经被科学技术的进步所淘汰，水利行业需要运用先进的信息管理手段来提高工作效率，推进信息化建设进程。地理信息系统（GIS）技术为水利行业信息管理的标准化、网络化、空间化提供了有效的工具。

水利部"十五"规划中明确指出："建设水利信息系统时，要以地理信息系统（GIS）为框架。"水利部领导也同时指出："创新是科技发展的动力，对于水利系统的科技人员，当务之急不但要迅速掌握 GIS 这种新技术，还要不断追踪 GIS 的新发展，高质量地为水利各项业务服务。"由于国家政策上的引导，加上国内水利用户的技术储备和技术需求都达到了一定的层次，同时又借助世界上最先进和成熟的 GIS 技术，所以 GIS 技术在国内水利行业的应用虽然起步较晚，但是发展势头迅猛，应用水平甚至超过了某些传统领域。

GIS 在水利行业的应用非常广泛，包括：防汛抗旱决策支持、水资源规划与管理、水环境保护、水土保持监测、流域规划、水利设施管理、水利工程规划、农田水利等多个方面。

由于水利应用的行业特点，要求在开展信息化工作、建设信息化系统时，要着重考虑以下几个方面：

（1）系统要具有良好的可扩展性：水利信息化系统建设要遵循"统筹规划、统一管理、合理利用资金、可持续发展"的原则。由于经费、现阶段的应用需求，以及当前信息技术的发展等各种条件的制约，使得任何一个系统在设计和规划之初，都无法做到"一步到位"。因此，水利信息化系统建设要从宏观、长远、发展的角度来统筹规划，同时根据现有的条件，有计划有步骤地分步实施，而且要求可持续发展。系统建设初期，应以实现常用的迫切的基本功能为主，以后再逐步进行功能扩展，逐渐将系统建成功能完善的决策支持系统，为领导决策服务。因此，要求基于 GIS 的系统建设应具有良好的可扩展性，由初级搭建到构架完善，可以无缝扩展，系统数据和程序能够平滑移植。

（2）系统要以数学模型和决策分析为支撑："水利信息系统要以数学模型和决策分析为支撑"。对于水利工作者来说，应用 GIS 仅进行简单的浏览、查询和空间数据显示是没有太大意义的，这种电子地图式的应用仅仅实现了纸介质地图向计算机的转移，满足了用户的一些初级、表面的要求。而水利行业更迫切需要的是深层次的，带有辅助决策支持的系统。这就要求 GIS 平台具有强大的空间分析功能，以便对各种水利数据进行深层次的研究与分析，使系统起到辅助决策的作用，为有关部门和领导提供科学的计算结果和决策依据。

（3）系统要求界面友好、工具丰富：图文并茂的界面是 GIS 系统的特点，在系统拥有强大功能的同时，也要求使用简单，易于操作。系统要提供丰富的数据编辑工具和专业的制图功能。

（4）系统要应用最先进技术，并具有良好的开放性：水利信息化系统建设过程中要涉及到计算机技术、数据库技术、通信技术、GIS 技术、遥感技术（RS）、GPS 技术以及网络技术等，从长远、整体、可持续发展的角度看，系统的技术先进性与开放性问题十分重要。因此，要求 GIS 平台一定要遵循国际通用标准，结合最先进的 IT 技术，既保证系统的先进性、可发展性，又保证系统的资源共享和开放。

（5）系统要能够管理海量数据：由于行业的特殊性，水利信息系统综合数据库是由水文数据库、实时水雨情库、工程信息库、社会经济信息库、基础地形图库、动态影像库、历史数据库、方法库、超文本库等多个数据库组成。庞大的数据量要求 GIS 具有海量数据管理功能，同时还要求具有高效、安全、分布式管理等功能特点，确保系统基础的稳定性。

（6）系统要支持综合信息的网络发布：在网络技术和环境日趋成熟与完善的时代，水利部门要借助网络技术，充分利用网络资源，实现资源共享，这就要求 GIS 系统支持 B/S 模式，支持 Internet/Intranet 技术，能够结合最先进的网络技术，提供综合信息的网络化服务。

（7）系统要应用成熟的技术：为了确保系统的稳定性，系统要应用具有成熟技术的

GIS 平台。这样既保证系统能够长期、稳定、安全地运行，而且成熟软件的国内外用户众多，可借鉴的成功经验多，选用成熟软件也为系统的资料收集、技术交流、成果应用等方面，提供了数据基础和应用基础。

信息化是一个大概念，而信息化建设则主要是指信息化建设项目的规划、设计、建设、运行、管理等具体实施的过程。

水利信息化建设主要包括三方面的内容：①基础信息系统工程的建设，包括分布在全国的相关信息采集、信息传输、信息处理和决策支持等分系统建设；②数据库的建设，水利专业数据库是国家重要的基础性的公共信息资源的一部分，也是决策者重要依托凭据；③综合管理信息系统的建设。

具体到某一个信息化建设项目，又是根据项目本身的目标、任务、需求、功能、特点等要求来确定的。全国性水利行业的信息化建设项目由水利部高层决策，各地方项目由当地水利行政部门或业主单位拍板。

各江河流域、各区域水利的信息化建设项目，都是国家水利信息化系统的信息源或信息子系统。成百上千的水利信息化子系统，成千上万的水利信息源，共同组成了完整的水利信息化大系统和巨系统。这是一个极其复杂的系统工程，涉及到水利行业的方方面面。

（一）水利信息化建设的网络框架

水利信息化建设的基础设施首先是全国性的网络工程，其次是为全国性网络提供水利信息资源的其他信息网络源。

各级调度管理控制中心是"核心"，其他系统一是为"核心"提供信息，充当信息源的角色；二是接受并执行上一级"核心"的指令。信息源的任务就是信息采集。

各类信息在以上框架中的运行流程可以归纳为：信息采集（监测）、转换、传输、接收、处理、应用等过程。

（1）信息采集系统：由传感器、监测仪、测试仪、遥感、遥测、GPS 等仪器设备单独或组合而成。

（2）信息转换系统：信息采集系统采集到的水利工程类信息源多为不同类型的物理量，需要通过转换系统转换成电信号或数字信号之后，由传输系统从一地传送到另一地，再通过接收地的转换系统转换成计算机可以识别的数字。有些采集系统自带转换系统，有些需要另外增加转换系统。

（3）信息传输系统（通信系统）：有线传输（光纤、电缆、专线、公用电话网等），无线传输（超短波、卫星、其他无线电通信工具），传输网络系统等。

（4）信息接收系统：接收和转换信号（有线和无线）的装置、设备、仪器、计算机等。

（5）信息处理系统：计算机硬件（工作站、服务器、存储器等），软件（操作系统、处理系统、决策支持系统、数据库系统、管理系统、仿真系统、GIS 及其他专用软件等）。

（6）应用系统：显示（图形、图像、图表、声音、文字、符号表达式等）、分析、指挥调度、管理控制等。应用系统是项目建设的主要目标之一。

（二）工程类水利信息化建设项目采集的信息类型

（1）水库工程信息：库水位、库区雨量、干流和各支流入库流量、含沙量、图像信

52

息、水质信息、主要监测项目信息、地震信息、水土流失信息、地质环境变化和地质灾害信息等。

（2）枢纽工程信息：大坝信息（坝体和坝基变形、应力、渗漏、渗压、温控、水质等）、泄水和放水建筑物信息、其他与枢纽建筑物相关的信息。

（3）下游信息：水位、流量、环境等。有的与灌区供水信息系统合为一体，有的需要单独建设灌区系统。

（三）其他水利信息化系统

电子政务、办公系统、防汛抗旱会商系统、防洪减灾系统及其他系统。

五、我国的水利信息化管理方面目前所存在问题

（1）系统支持平台种类繁多，水利特点不突出。

（2）多元数据结合不够，数据的动态编辑功能较弱。

（3）没有将先进的水利检测技术成果集成到系统中。

（4）分析和辅助决策功能较弱。

（5）缺乏多媒体支持，系统界面不尽如人意。

因此，虽然我国的水库在数量上处于领先地位，但是对水库进行信息化管理却出现了上述不尽如人意的几个方面，导致管理方法和管理手段落后、信息化程度低的局面，使水利的各项信息指标不能及时的表现出来。这样就会致使水利的各项功能不能充分发挥出来，满足不了人民日益增长的生活要求。因此，我们对水利进行信息现代化管理具有重要的意义。ArcGIS 在水利信息管理系统的成功应用，加快水利信息化的进程。

六、ArcGIS 特点

ESRI 公司作为世界 GIS 的拓荒者和当今 GIS 技术的领导者，在 GIS 领域已有三十多年的历史，专门从事 GIS 软件的研究与应用开发。其软件 ArcGIS 系列始终保持着全球第一的市场占有率。其产品专业 GIS 软件包，包含从低端到高端一系列产品，主要面向企业和部门级的用户，悠久的历史和强大的产品家族使得其在 GIS 领域具有举足轻重的地位，许多先进的设计思想和理念被其他产品借鉴和采纳。

（1）海量数据的存储：企业级信息系统以及社会级信息系统的核心是数据仓库，用来存储和管理所有的空间和属性数据。这势必要求所选用的 GIS 软件具备海量数据的存储和管理能力。ArcSDE 对海量数据的存储和管理以及多用户的并发访问等，在国内外众多用户现场都得到了很好的验证和考验。例如 NIMA 存储全美的数据量高达 5TB（1TB = 1000GB），北京市交管局存储了全北京市 1:2000 和 1:500 两种比例尺的全要素的地形图，数据量达到 2GB。

（2）长事务处理和版本管理：通常 RDBMS 采用"锁定—修改—释放"的策略以实现其对多用户并发操作数据库的控制。但这种策略不很适合用于处理地理数据的 DBMS，因为有些业务，可以几分钟完成，但有些业务由于其特殊性，也可能要花几个月的时间。这种情形即所谓的"长事务处理"。ArcSDE 对长事务处理提供了底层的支持。每个用户都是在直接对数据库进行操作（编辑，修改），但是 ArcSDE 为其建立了

版本。只有在完成了长事务工作后，系统才将其版本进行存储，并在此时进行版本冲突管理。

ArcSDE 提供版本控制的能力（即 VERSION CONTROL），该功能使得多个用户可以同时编辑一个图形数据库，甚至是同一空间要素，ArcSDE 可以将不同用户对一个要素的编辑形成不同版本（Version），并通知用户不同的编辑结果，以决定最后以哪个结果为准。这样可以很好地保证数据的一致性，同时实现多用户高效的并发访问机制。

（3）系统的可伸缩性：在网络技术和环境日趋成熟和完善的时代，任何一个信息系统都不应是孤立存在的，它不应该成为信息海洋中的一座"孤岛"。在设计和规划系统之初，我们就应该从宏观、从全局、从长远的观点来统筹考虑；但因为经费的投入问题、现阶段的应用需求以及其他各种硬软环境的制约，又往往迫使我们无法"一步到位"。因此，"统筹规划，分步实施"就不失为一种上佳选择。而要做到这一点，系统所依赖的平台的"可伸缩性（可扩展性）"则是关键，ArcGIS 系列产品由于采用了工业标准的、开放的、统一的对象组件库（ArcObjects）作为其公共的技术基础，使得从其低端平台产品（如 ArcView）到高端产品（如 ArcInfo）的过渡和升级，可保证数据和应用功能（程序）无须改动和转换而平滑地进行。从为小用户设计的小型应用，到多用户的大型系统，ESRI 的软件解决方案随着你的需求而增长。从而充分保护用户和开发商的前期投资和工作，保证系统的分步实施不会因为平台的提升和系统规模及功能需求的扩展而陷入进退两难的境地。

（4）面向对象（Object – Oriented）的数据模型：ESRI 引入了一种全新的面向对象的空间数据模型（GeoDatabase）。可以利用这个模型来定义和操作不同用户或应用的具体的模型（如：交通模型、流体模型、电力模型和其他数据模型）。通过定义和实现这些地理数据模型，为创建和操作不同用户的数据提供了一个功能完备的平台。ESRI 产品允许用户使用可视化计算机辅助软件工程 CASE 工具和标准的可视化建模语言 UML 来方便地创建和定制数据模型。面向对象的数据模型与用户通常看待所研究事物的观点及分类很接近，因此直观且使用简单，软件处理的将是面向用户的概念。

（5）系统的开放性：为了充分利用已有的企业资源，要求 GIS 软件必须具备良好的开放性，包括支持多种硬件平台、操作系统、数据库以外，还要求能够将已有的各种格式的数据转换目前可用的数据类型，以及支持多种数据格式的转换。

ESRI 的产品已经实现全面开放，硬件平台可以支持 SUN、IBM、HP Unix、Digital Unix、SGI、Windows NT、Alpha NT 等多种；数据库可以支持 Oracle、SQL Server、DB2、Informix 等开发工具，除了软件所带的宏语言以外，由于采用微软的组件对象模型（COM）技术，还可以是 Delphi、VB、VC、C 等大量其他的开发语言。

（6）系统的集成性：GIS 系统在实际应用中往往要跟其他诸如 MIS 系统结合，方可满足需求。因此，我们常常会谈论到所谓"无缝集成"的问题。对"无缝"的追求其实是因为以往许多软件系统（包括 GIS 平台）在与外部系统连接时是"有缝"的，甚至是"两层皮"，无法很好地集成和融合。因此，要求 GIS 软件能够提供相应手段，以实现高度集成。ArcGIS 采用了工业标准的 COM 体系结构，使得基于 ArcGIS 平台的系统和其他的系统或第三方的工具、模型等成果之间具有了一种工业标准的"约定"或"接口"，只要大家遵守这些工业标准的约定，就可以轻松实现真正意义上的"无缝"连接或集成。

（7）免费下载的数据模型：多年来，ESRI 与众多用户紧密合作，共同开发一些基于应用的数据模型以及应用规则。主要是从大多数 GIS 项目中寻找共性的专业模型和规则库，根据这些再来建立基于不同行业应用的数据模型，用户利用提供的数据模型可以简化开发过程，提高开发效率。另外，ESRI 提供的基于行业应用的数据模型能够提供给不同行业的用户一定的解决方案。

目前，ESRI 已推出的数据模型有交通、自来水、污水处理、输电管理、配电管理、煤气管理、电信数据模型等。

（8）离线编辑：随着基于 DBMS 管理空间数据的方法渐成主流，同时在局域网环境下，客户端和服务器之间的网络带宽已经足以应付联机编辑的需要，对空间数据库的联机编辑操作就成了理所当然的选择。但是，对于一些需要频繁地将数据带到野外或其他数据采集现场进行更新的需求，却又难以满足。

ESRI 在圆满地解决了基于 ArcSDE 和 Geodatabase 的联机多用户并发操作和长事务处理问题后，在 ArcGIS 中，给出了针对离线编辑的解决方案。该离线编辑全面发挥了版本管理技术优势，将取出的空间对象置于独立的特定版本中，并在客户端对取出的数据完成离线编辑修改之后，在放回时自动对版本的一致性进行检查，以确保不同的"取出"动作在随后的操作中不会造成数据的不一致。不仅如此，这种新的解决方案还可以延伸到对空间数据库同步处理。可以避免通常基于数据库的同步操作给网络通讯带来的巨大压力，也不需要完成数据修改和编辑的终端一定要与空间数据库服务器端处于联机状态，从而轻松实现多数据库之间的同步。

（9）移动 GIS——ArcPad：随着 GPS，轻巧的移动计算设备与软件如 ArcPad 的整合，人们将越来越多地看到用于野外测量和更新的数据采集和编辑应用。特别是这些移动设备多为无线设备，因此数据采集时可以直接和迅速地将测量信息返回在线 GIS 数据库进行更新。随着移动客户端技术的高速发展，我们应将这些设备看作是整个系统的一部分，形成以数据管理服务器为核心，通过野外设备完成数据管理事务的体系结构。因此，ArcGIS 在 ArcGIS 桌面端新增了一组工具可以为 ArcPad 6.0 或更高版本提供数据。当连接或浏览空间数据库时，这些工具可以将选中要素类转换到 shapefiles，然后可以在 ArcPad 中进行编辑。通过将修改后的 shapefile 重新检入空间数据库，空间数据库的信息被更新。

（10）系统的安全性：系统的安全性应具有三个方面的意义：一是系统自身的坚固性，即系统应具备对不同类型和规模的数据和使用对象都不能崩溃的特质，以及灵活而强有力的恢复机制；二是系统应具备完善的权限控制机制，以保障系统不被有意或无意地破坏；三是系统应具备在并发响应和交互操作的环境下保障数据安全和一致性。ArcGIS 集 ESRI 三十年 GIS 研究、开发和应用经验之大成，其系统稳定性可以说是千锤百炼；Arc-GIS 系列中用于空间数据管理引擎的 ArcSDE（图 3-1）提供了独特的空间数据版本管理功能，在保证工作效率的前提下，很好地解决了空间数据的并发操作和数据一致性问题。

由于 ESRI 公司的 ArcGIS 系列产品采用的是全面的、可伸缩集成的体系结构，从低端到高端具有良好的扩充性，提供的是一个可伸缩扩展的解决方案。用户可以综合考虑技

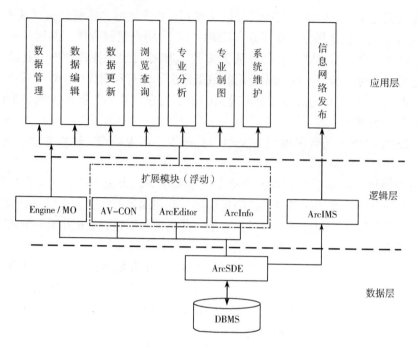

图 3-1　ArcSDE 应用结构

术条件、现阶段应用需求、配套资金等诸多因素，选择当前的配置方案；随着功能需求和资金投入的增加，再逐步进行系统完善。这样，系统构建可以统筹规划、分布实施，从整体上具有极大的延展性和灵活性，并且可以充分地保护用户的前期投资和前期工作，保证系统可持续发展。

基于水利行业的应用需求及业务特点，可以采用客户／服务器（Client/Server）和浏览器／服务器（Browser/Server）相结合的方式，将系统建成资源共享，又可灵活扩展的实用的 GIS 系统（图 3-2）。

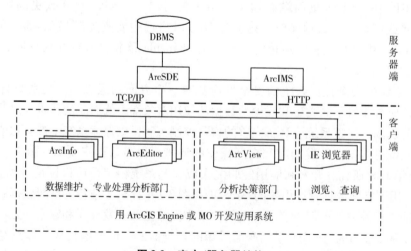

图 3-2　客户/服务器结构

（11）服务器端：在服务器端，将通过 ArcInfo 导入的海量数据（包括图形数据、属性数据，以及影像栅格数据等）统一存放在大型数据库中，用 ArcSDE 进行管理，然后借助 ArcIMS 在 Internet/Intranet 上发布数据。

（12）客户端基本模块：因为各水利部门工作分工不同，对水文数据的应用程度也不同，本着资源共享和合理投资的原则，建议客户端可根据不同需求，配置不同层次的软件：对于只需简单浏览、查询的科室，基于 B/S 模式，客户端机器上无需安装 GIS 软件，用通用的 IE 浏览器查看 ArcIMS 发布的数据即可；对于要一定查询、分析功能，但不需要高级的空间处理功能和对空间数据库进行数据维护（即对 Geodatabase 进行写操作）的部门，均可考虑采用 ArcView 作为其应用平台（图3-3）。

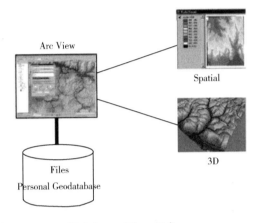

图 3-3   arcView 平台

ArcEditor 和 ArcInfo 适合安装在对系统进行维护、对数据进行更新的部门，因为 ArcEditor 可对 Geodatabase 空间数据进行交互编辑，主要面向那些对空间数据交互编辑具有特别需求的客户端。而 ArcInfo 在 ArcEditor 基础上又增加了强大的空间处理功能，增加了对计算机辅助软件工程（CASE）工具的支持，可以方便、同时也是工程化地对空间数据模型进行定义和扩展。ArcView、ArcEditor 的操作界面、开发环境、底层 COM 对象等与高端的 ArcInfo 完全一致，因此各客户端所使用的操作界面都一样，经过二次开发的应用系统也可以通用在不同功能级别的软件上。这样，有利于不同使用级别用户的统一培训，更有利于系统的进一步扩展。

（13）客户端扩展模块：ArcGIS 的一些专业分析算法以及一些数据处理的功能集成在不同的扩展模块中。对于以上客户端，也可以根据具体需求，从 ArcGIS 的十多个扩展模块中选择需要的来使用。

用于系统客户端的 ArcGIS 桌面软件，包括了功能递增的核心模块和十余种扩展模块，这样的体系结构让用户在选择时可以"量体裁衣"，保证了软件配置的科学性和合理性，在满足所有技术需求的同时，有效地保证了资金的合理利用。

（14）应用系统开发：有些水利用户应用 GIS 不仅是将其当作分析、处理数据的工具，以及进行部分功能的定制，而且还需要经过系统的二次开发，结合业务应用构建成部门内部甚至跨部门的应用系统。除了通过 WebGIS 软件构建 B/S 系统外，基于 C/S 模式，客户端可采用控件开发工具来开发应用系统，如：用 MapObjects（MO），或 ArcGIS Engine。

与 MapObjects（MO）相比，ArcGIS Engine 的特点如下：

（1）基于 ArcObjects（AO），可以全部覆盖 MO 的功能，并且大大超越；

（2）由于将 spatial、3D 的 AO 打包成 Engine option，可以完成相关分析功能；

（3）支持读写 Geodatabase，可以应用拓扑等数据操作规则；

（4）跨平台，支持 COM、.NET、JAVA、C^{++}开发；

（5）支持 SDE 中的栅格数据。

与 ArcGIS 其他产品拥有共同的底层对象库（AO），所以方便系统扩展和系统移植。

初级配置——单机版：此方案为初级 GIS 系统，空间数据采用文件管理方式（shapefile），或采用基于 Access 的 Personal Geodatabase，适合于数据量小的单机版应用，配置 Spatial、3D 扩展模块，可以做一些水利专业分析，如：径流分析、追溯分析等。

初级配置——多客户端的应用系统：

可用 MO，或 ArcGIS Engine 来进行二次开发，开发好的程序通过软件分发使用许可进行应用分发。

升级配置一：

此配置在初级配置的基础上，增加了 GIS 信息网络发布功能。该系统可将水情监测数据实时地发布到网上，客户端只需普通的 IE 等浏览器即可（图3-4）。

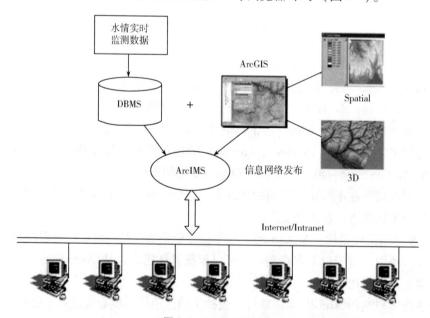

图3-4　ArcIMS 结构

升级配置二：

此配置方案采用数据库管理方式，通过 ArcSDE 将空间数据统一放到大型商用数据库

58

中，适合管理海量空间数据，使系统构成 Client/Server 结构（图3-5）。

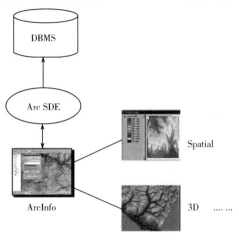

图3-5 ArcSDE/DBMS 结构

升级配置三：

在上一配置的基础上，增加 ArcIMS，将系统构成 C/S 、B/S 结合的体系结构，同时根据不同客户端的功能需求，增加不同层次的客户端软件及 Licenses 个数（即增加 ArcInfo 、ArcEditor 、ArcView 及相关扩展模块的 Licenses ）。另外，也可以用 ArcGIS Engine 来开发出相应的应用系统，如：防汛指挥系统、水资源管理系统、水土保持监测系统、水利工程管理系统、旱情监测系统等（图3-6）。

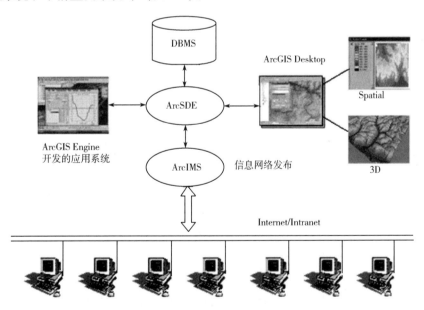

图3-6 WebGIS 架构

由于 ArcGIS 是一套由多层次、多功能产品组成的系列软件，其系统配置可以做出多种方案。在做软件配置时，需要掌握以下两点：①根据实际需要，做到"量体裁衣"；②考虑到系统的扩展性和延续性。这里仅举出几个常用配置，给大家做个参考。

七、三维水利地理系统研制实例

某水利三维地理信息系统开发平台，使用由 ESRI 提供的全球先进的 GIS 开发平台 ArcGIS Engine。ArcGIS Engine 为开发者提供了完整的嵌入式的 GIS 组件库。

ArcGIS Engine 包括两部分：运行包——针对最终用户，包括支持运行 ArcGIS Engine 开发的应用程序所需要的资源；开发包——针对开发人员，包括支持开发任务所需的所有开发资源，如组件、APIs、工具等。

ArcGIS Engine 有几个关键特征：

（1）标准的 GIS 框架。

（2）有效的许可证配置方案。

（3）跨平台特性。

（4）跨语言特性。

（5）ArcGIS 的扩展功能。

（6）开发控件。

使用 ArcGIS Engine 开发应用，可以实现这些功能：显示多个图层组成的地图；漫游和缩放地图；查找地图中的要素；用某一字段显示标注；显示航片和遥感影像的栅格数据；绘制几何要素；绘制描述性文字；沿线、多边形或者圆选择要素；根据距离选择要素；通过 SQL 表达式查询要素；渲染要素；动态显示实时数据或时间序列数据；地图定位；几何操作；维护几何要素；创建和更新地理要素和属性。

ArcGIS Engine 的开发包括三个关键部分：控件、工具条和工具、对象库。

（1）控件是 ArcGIS 用户界面的组成部分，可以嵌入在应用程序中使用。如，一个地图控件和一个内容表控件，可以加在应用中来展示和交互运用地图。

（2）工具条是 GIS 工具的集合，在应用程序中用它来和地图、地理信息交互。如，平移、缩放、点击查询工具和与地图交互的各种选择工具。工具在应用界面上用工具条的方式展现。通过调用一套丰富的、常规的工具和工具条，建立定制应用程序的过程被简化了。开发人员可以很容易地将选择的工具拖放到定制应用程序中，或创建自己定制的工具来实现与地图的交互。

（3）对象库是可编程 ArcObjects 组件的集合，包括几何图形到制图、GIS 数据源和 GeoDatabase 等一系列库。在 Windows、UNIX 和 Linux 平台的开发环境下使用这些库，程序员可以开发出从低级到高级的各种定制的应用。

ArcGIS Engine 的对象库包括以下内容（表3-1）：

System 库是 ArcGIS 框架中最底层的一个库，它包含了一些被其他库使用的组件。

SystemUI 库定义了一些在 ArcGIS 中被用户界面组件使用的类型。比如命令的接口 Icommand、工具的接口 Itool 都在这里定义。

Geometry 库包含了核心几何对象，比如点、线、面等。在 Geometry 库中还定义和实现了空间参考的对象，包括投影坐标系统和地理坐标系统。

Display 库包含了支持在输出设备上显示图形的组件，屏幕显示、符号、颜色等都在这个库中定义。

Controls 库包含了应用程序开发中用到的控件，包括在控件中使用的命令和工具。

表 3-1　ArcGIS Engine 的对象库

System/SystemUI	Geometry	Display	Server	Output
GeoDatabase	GISClient	GeoDatabase Distributed	DataSourcesFile	DataSourcesOle DB
DataSources Raster	Cato	Location	NetWorkAnalysis	Controls
GeoAnalyst	3D Analyst	GlobeCore	SpatialAnalyst	GeoStatistical Analyst
Publisher	ArcReaderControl			

Carto 库包含了为数据显示服务的对象。Map 和 PageLayout 对象在这个库中。并支持各种数据类型的图层、渲染。这个库中还包括了 MxdServer 和 MapServer 对象，它们通常被网络服务器程序用来显示地图数据。

GeoDatabase 库包含了所有相关数据组织的定义类型。要素、表、网络、TIN 都在这个库中定义。其中一些类型的实现在各自的数据来源库中。

DataSourcesFile 库包含了为支持的矢量数据格式提供的工作空间工厂（WorkSpaceFactory）和工作空间（WorkSpace）。

DataSourcesGDB 库包含了为存储在 RDBMS 中的矢量和栅格数据提供的工作空间工厂和工作空间。

GeoDatabaseDistributed 库包含了需要执行检出（chechout）/检入（checkin）的离线 GeoDatabase 的对象。

DatasourceOleDB 库为通过 OleDB 方式提供的数据提供工作空间。

DataSourcesRaster 库包含了为基于文件方式的栅格数据提供工作空间工厂和工作空间。

GISClient 库包含了作用于远程 GIS 服务的对象。这些远程服务可以有 ArcGIS Server 和 ArcIMS 提供。

Server 库包含了连接 ArcGIS Server 的对象，以及管理这个连接的对象。

GeoAnalyst 库包含了核心的空间分析功能，这些功能在空间分析扩展和三维分析扩展都会用到。

3DAnalyst 库包含了数据的三维分析对象，也包括显示三维数据，在这个库中有一个控件 SceneControl 可用。

GlobeCore 库包含了 globe 数据分析对象，也包含了显示 globe 数据，在这个库中有一个控件 GlobeControl 可用。利用 globe 可以在全球地理背景中显示地理数据，而且并没有极端的硬件要求，是地理信息系统三维可视化的一个突破。

SpatialAnalyst 库包含了在栅格和矢量数据上执行控件分析的对象。

（一）开发环境

该水利三维信息管理系统使用 . NET Framework 作为开发平台。. NET Framework 是一种新的计算平台，它简化了在高度分布式 Internet 环境中的应用程序开发。. NET Framework 旨在实现下列目标：

（1）提供一个一致的面向对象的编程环境，而无论对象代码是在本地存储和执行，还是在本地执行但在 Internet 上分布，或者是在远程执行的。

（2）提供一个将软件部署和版本控制冲突最小化的代码执行环境。

（3）提供一个保证代码（包括由未知的或不完全受信任的第三方创建的代码）安全执行的代码执行环境。

（4）提供一个可消除脚本环境或解释环境的性能问题的代码执行环境。

（5）使开发人员的经验在面对类型大不相同的应用程序（如基于 Windows 的应用程序和基于 Web 的应用程序）时保持一致。

（6）按照工业标准生成所有通信，以确保基于 . NET Framework 的代码可与任何其他代码集成。

. NET Framework 具有两个主要组件：公共语言运行库和 . NET Framework 类库。公共语言运行库是 . NET Framework 的基础。您可以将运行库看作一个在执行时管理代码的代理，它提供核心服务（如内存管理、线程管理和远程处理），而且还强制实施严格的类型安全，以及可确保安全性和可靠性的其他形式的代码准确性。事实上，代码管理的概念是运行库的基本原则。以运行库为目标的代码称为托管代码，而不以运行库为目标的代码称为非托管代码。. NET Framework 的另一个主要组件是类库，它是一个综合性的面向对象的可重用类型集合，您可以使用它开发多种应用程序，这些应用程序包括传统的命令行或图形用户界面（GUI）应用程序，也包括基于 ASP. NET 所提供的最新创新的应用程序（如 Web 窗体和 XML Web services）。

. NET Framework 可由非托管组件承载，这些组件将公共语言运行库加载到它们的进程中并启动托管代码的执行，从而创建一个可以同时利用托管和非托管功能的软件环境。. NET Framework 不但提供若干个运行库宿主，而且还支持第三方运行库宿主的开发。

例如，ASP. NET 承载运行库以为托管代码提供可伸缩的服务器端环境。ASP. NET 直接使用运行库以启用 ASP. NET 应用程序和 XML Web services。

Internet Explorer 是承载运行库（以 MIME 类型扩展的形式）的非托管应用程序的一个示例。使用 Internet Explorer 承载运行库使您能够在 HTML 文档中嵌入托管组件或 Windows 窗体控件。以这种方式承载运行库使得托管移动代码（类似于 Microsoft® ActiveX® 控件）成为可能，但是它具有只有托管代码才能提供的重大改进（如不完全受信任的执行和安全的独立文件存储）。

图 3-7 显示公共语言运行库和类库与应用程序之间以及与整个系统之间的关系。该插图还显示托管代码如何在更大的结构内运行。

（二）. NET Framework 环境

. NET Framework 环境如图 3-7 所示。

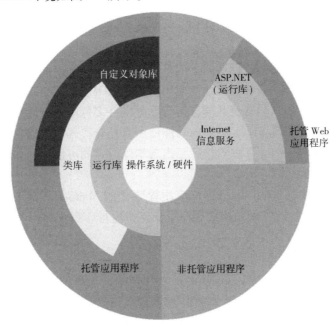

图 3-7　. NET Framework 环境

下面详细地描述 . NET Framework 的主要组件和功能。

1. 公共语言运行库的功能

公共语言运行库管理内存、线程执行、代码执行、代码安全验证、编译以及其他系统服务。这些功能是在公共语言运行库上运行的托管代码所固有的。

至于安全性，取决于包括托管组件的来源（如 Internet、企业网络或本地计算机）在内的一些因素，托管组件被赋予不同程度的信任。这意味着即使用在同一活动应用程序中，托管组件既可能能够执行文件访问操作、注册表访问操作或其他须小心使用的功能，也可能不能够执行这些功能。

运行库强制实施代码访问安全。例如，用户可以相信嵌入在 Web 页中的可执行文件能够在屏幕上播放动画或唱歌，但不能访问他们的个人数据、文件系统或网络。这样，运行库的安全性功能就使通过 Internet 部署的合法软件能够具有特别丰富的功能。

运行库还通过实现称为通用类型系统（CTS）的严格类型验证和代码验证基础结构来加强代码可靠性。CTS 确保所有托管代码都是可以自我描述的。各种 Microsoft 和第三方语言编译器生成符合 CTS 的托管代码。这意味着托管代码可在严格实施类型保真和类型安全的同时使用其他托管类型和实例。

此外，运行库的托管环境还消除了许多常见的软件问题。例如，运行库自动处理对象布局并管理对对象的引用，在不再使用它们时将它们释放。这种自动内存管理解决了两个最常见的应用程序错误：内存泄漏和无效内存引用。

63

运行库还提高了开发人员的工作效率。例如，程序员可以用他们选择的开发语言编写应用程序，却仍能充分利用其他开发人员用其他语言编写的运行库、类库和组件。任何选择以运行库为目标的编译器供应商都可以这样做。以 . NET Framework 为目标的语言编译器使得用该语言编写的现有代码可以使用 . NET Framework 的功能，这大大减轻了现有应用程序的迁移过程的工作负担。

尽管运行库是为未来的软件设计的，但是它也支持现在和以前的软件。托管和非托管代码之间的互操作性使开发人员能够继续使用所需的 COM 组件和 DLL。

运行库旨在增强性能。尽管公共语言运行库提供许多标准运行库服务，但是它从不解释托管代码。一种称为实时（JIT）编译的功能使所有托管代码能够以它在其上执行的系统的本机语言运行。同时，内存管理器排除了出现零碎内存的可能性，并增大了内存引用区域，以进一步提高性能。

最后，运行库可由高性能的服务器端应用程序（如 Microsoft® SQL Server™ 和 Internet 信息服务（IIS））承载。此基础结构使您在享受支持运行库宿主的行业最佳企业服务器的优越性能的同时，能够使用托管代码编写业务逻辑。

2. . NET Framework 类库

. NET Framework 类库是一个与公共语言运行库紧密集成的可重用的类型集合。该类库是面向对象的，并提供您自己的托管代码可从中导出功能的类型。这不但使 . NET Framework 类型易于使用，而且还减少了学习 . NET Framework 的新功能所需要的时间。此外，第三方组件可与 . NET Framework 中的类无缝集成。

例如，. NET Framework 集合类实现一组可用于开发您自己的集合类的接口。您的集合类将与 . NET Framework 中的类无缝地混合。

正如您对面向对象的类库所希望的那样，. NET Framework 类型使您能够完成一系列常见编程任务（包括诸如字符串管理、数据收集、数据库连接以及文件访问等任务）。除这些常见任务之外，类库还包括支持多种专用开发方案的类型。例如，可使用 . NET Framework 开发下列类型的应用程序和服务：

（1）控制台应用程序。

（2）Windows GUI 应用程序（Windows 窗体）。

（3）ASP. NET 应用程序。

（4）XML Web services。

（5）Windows 服务。

例如，Windows 窗体类是一组综合性的可重用的类型，它们大大简化了 Windows GUI 的开发。如果要编写 ASP. NET Web 窗体应用程序，可使用 Web 窗体类。

3. 客户端应用程序开发

客户端应用程序在基于 Windows 的编程中最接近于传统风格的应用程序。这些是在桌面上显示窗口或窗体，从而使用户能够执行任务的应用程序类型。客户端应用程序包括诸如字处理程序和电子表格等应用程序，还包括自定义的业务应用程序（如数据输入工具、报告工具等）。客户端应用程序通常使用窗口、菜单、按钮和其他 GUI 元素，并且它们可能访问本地资源（如文件系统）和外围设备（如打印机）。

另一种客户端应用程序是作为 Web 页通过 Internet 部署的传统 ActiveX 控件（现在被托管 Windows 窗体控件所替代）。此应用程序非常类似于其他客户端应用程序：它在本机执行，可以访问本地资源，并包含图形元素。

过去，开发人员将 C/C⁺⁺ 与 Microsoft 基础类（MFC）或应用程序快速开发（RAD）环境（如 Microsoft® Visual Basic®）一起使用来创建这样的应用程序。.NET Framework 将这些现有产品的特点合并到了单个且一致的开发环境中，该环境大大简化了客户端应用程序的开发。

包含在 .NET Framework 中的 Windows 窗体类旨在用于 GUI 开发。可以轻松创建具有适应多变的商业需求所需的灵活性的命令窗口、按钮、菜单、工具栏和其他屏幕元素。

例如，.NET Framework 提供简单的属性，以调整与窗体相关联的可视属性。某些情况下，基础操作系统不支持直接更改这些属性，而在这些情况下，.NET Framework 将自动重新创建窗体。这是 .NET Framework 集成开发人员接口从而使编码更简单更一致的许多方法之一。

和 ActiveX 控件不同，Windows 窗体控件具有对用户计算机的不完全受信任的访问权限。这意味着二进制代码或在本机执行的代码可访问用户系统上的某些资源，例如 GUI 元素和访问受限制的文件，但这些代码不能访问或危害其他资源。由于具有代码访问安全性，许多曾经需要安装在用户系统上的应用程序现在可以通过 Web 安全地部署。您的应用程序可以在像 Web 页那样部署时实现本地应用程序的功能。

（三）开发原理

三维地图模块使用 ESRI ArcGIS Engine 的 ToolbarControl、TOCControl 和 SceneControl 三个控件。ToolbarControl 控件用于容纳各种内置和自定义工具，TOCControl 控件用于管理三维视图中的各个图层，可以从这个控件中打开和关闭三维视图中的任一图层。SceneControl 控件用来读取三维数据并解析它们，以生成三维视图。

SceneControl 控件是三维地图模块的核心控件，它用来装载三维视图对象，例如 sxd 三维视图文件等。SceneControl 还具有内置的导航功能，可以很方便地从各个方向观察三维模型。

ToolbarControl 控件必须和其他控件相关联，这些控件包括 MapControl、PageLayout-Control、ReaderControl、SceneControl 和 GlobeControl。ToolbarControl 控件是和这些关联控件相关的命令、工具、菜单的宿主。ToolbarControl 控件实现了 IToolbarBuddy 接口，这个接口用来为关联控件设置 CurrentTool 属性。

TOCControl 控件和 ToolbarControl 控件类似，也要和其他控件相关联，这些控件包括 MapControl、PageLayoutControl、ReaderControl、SceneControl、GlobeControl。设置关联对象即可以使用 IDE 中的属性页，也可以使用 TOCControl 对象的 SetBuddyControl 方法。设置关联对象后，TOCControl 控件以交互式的树形结构显示当前地图中的层和符号内容，并且保持和关联控件内容的同步。例如，在所关联的控件中删除一个图层，TOCControl 控件中对应的图层也会被删除；在 TOCControl 控件中关闭一个图层，关联控件中的对应图层也会被关闭而不显示。

三维地图模块在这个信息管理系统中以独立窗体的形式存在，在系统的模块菜单中选择"三维地图"模块后才会被实例化。三维地图模块的设计视图，如图3-8所示。

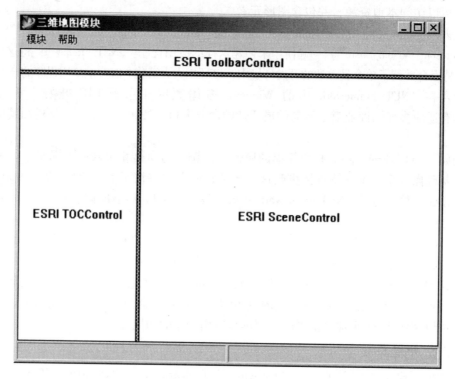

图3-8　三维地图模块

此独立窗体 DDDForm 从 System. Windows. Forms. Form 继承而来，包括五个主要对象和两个主要方法、事件。

五个主要对象分别为：SceneControl 控件的实例 axSceneControl1、ToolbarControl 控件的实例 axToolbarControl1、TOCControl 控件的实例 axTOCControl1、菜单对象 mainMenu1、状态栏对象 statusBar1。

两个主要方法和事件为：DDDForm_ Load（）、axToolbarControl1_ OnMouseMove（）。

DDDForm_ Load（）方法用来为对象 axToolbarControl1 和 axTOCControl1 设置关联控件，为 axSceneControl1 初始化三维地图数据，为 axToolbarControl1 装载工具按钮。部分代码如下（为了更容易理解，其中一些代码用伪代码代替）：

axToolbarControl1. SetBuddyControl（axSceneControl1）；

axTOCControl1. SetBuddyControl（axSceneControl1）；

axSceneControl1. LoadSxFile（三维视图文件）；

ESRI. ArcGIS. esriSystem. UID　　uID　　=　　new ESRI. ArcGIS. esriSystem. UIDClass（）；

uID. Value = "某个命令的 Guid"；

axToolbarControl1. AddItem（uID，-1，-1，true，0，ESRI. ArcGIS. SystemUI. esriCommandStyles. esriCommandStyleIconOnly）；

axToolbarControl1＿ OnMouseMove（）事件，用来检测鼠标悬停在哪个工具上方，然后在状态栏显示关于此工具的提示。部分代码如下：

ESRI. ArcGIS. ToolbarControl. IToolbarItem   toolbarItem   ＝
axToolbarControl. GetItem（index）；

Switch（toolbarItem. Command. Name）

｛

    Case "ControlToolsMapNavigation＿ ZoomPan"：

      statusBar1. Panels ［0］. Text ＝"按下鼠标左键缩放地图/右键平移地图"；

      break；

    case "ControlToolsMapNavigation＿ FullExtent"：

      statusBar1. Panels ［0］. Text ＝"显示全图"；

      break；

    ············

    ·········｝

信息查询模块使用了 ESRI ArcGIS Engine 的 ToolbarControl 、TOCControl 和 MapControl 三个控件。ToolbarControl 控件用来容纳各种内置和自定义工具，TOCControl 控件用来管理多个地图图层。MapControl 用来读取和显示库区地图。

MapControl 控件是信息查询模块的核心控件，用来装载和显示地图数据对象，相当于 ArcMap 中的数据视图。这些装入 MapControl 的地图数据对象是在程序设计时指定好的，并且可以指定为链接模式和包含模式。在链接模式下，无论何时创建 MapControl 控件，控件会自动读取从地图文档中读取最新的数据。在包含模式下，MapControl 控件将地图文档中的数据的一个副本复制到控件中，不再显示复制以后更新的地图文档的内容。把地图文档装入 MapControl 控件，可以使用 MapControl 控件的 LoadMxFile 方法。

信息查询模块在整个信息管理系统中以独立窗体形式存在，在系统的模块菜单中选择"信息查询"模块后才会被实例化。信息查询模块的设计视图，如图 3-9 所示。

此窗体 MapForm 从 System. Windows. Forms. Form 继承而来，包括 5 个主要对象、两个主要方法和一个自定义工具。

五个主要对象分别为：MapControl 控件的实例 MapControl1 、ToolbarControl 控件的实例 axToolbarControl1 、TOCControl 控件的实例 axTOCControl1 、菜单对象 mainMenu1 、状态栏对象 statusBar1 。

两个主要方法为：MapForm＿ Load（）、axMapControl1＿ OnMouseMove（）。

MapForm＿ Load（）方法用来为 axToolbarControl1 和 axTOCControl1 设置关联控件，为 axMapControl1 初始化地图数据，并为 axToolbarControl1 装载工具按钮。部分代码如下：

axToolbarControl1. SetBuddyControl（axMapControl1）；

axTOCControl1. SetBuddyControl（axMapControl1）；

axMapControl1. LoadMxFile（sFileName，null，null）；

uID. Value ＝"某个命令的 Guid"；

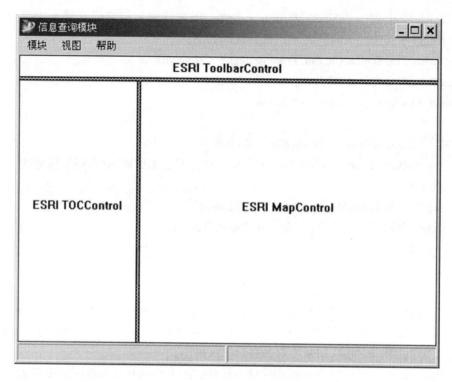

图 3-9　信息查询模块的设计视图

axToolbarControl1. AddItem（uID, -1, -1, true, 0, ESRI. ArcGIS. SystemUI. esriCommandStyles. esriCommandStyleIconOnly）；

axMapControl1_ OnMouseMove（）事件，用来检测鼠标当前坐标，并转化为地理坐标显示在状态栏中。代码如下：

statusBar1. Panels［1］. Text = e. mapX. ToString（".00"）+ " " + e. mapY. ToString（".00"）+ " " + " Meters"；

信息查询模块的点击查询功能通过一个自定义工具实现。此工具对象继承自 ESRI. ArcGIS. SystemUI. ITool 和 ESRI. ArcGIS. SystemUI. ICommand，通过 ToolbarControl 的 AddItem（）方法添加到工具条中。在实现 ESRI. ArcGIS. SystemUI. ITool 和 ESRI. ArcGIS. SystemUI. ICommand 接口时最主要的部分是重写了 ESRI. ArcGIS. SystemUI. ICommand 接口的 OnMouseDown（）事件。用这个事件来处理鼠标的点击，按照给定的容差值搜索鼠标点击点附近的地理要素。搜索成功后，查询地理要素的属性信息，显示在属性栏中。重写 OnMouseDown（）的代码如下：

ESRI. ArcGIS. Carto. IActiveView pActiveView =

（ESRI. ArcGIS. Carto. IActiveView）

m_ pHookHelper. FocusMap；

ESRI. ArcGIS. CartoUI. IIdentifyDialog pIdentifyDialog = new ESRI. ArcGIS.

68

CartoUI. IdentifyDialogClass（）；

　　ESRI. ArcGIS. CartoUI. IIdentifyDialogProps pIdentifyDialogProps =（ESRI.

ArcGIS. CartoUI. IIdentifyDialogProps）pIdentifyDialog；

　　pIdentifyDialog. Map = m_ pHookHelper. FocusMap；

　　pIdentifyDialog. Display = pActiveView. ScreenDisplay；

　　pIdentifyDialog. ClearLayers（）；

　　ESRI. ArcGIS. Carto. IEnumLayer pEnumLayer =

pIdentifyDialogProps. Layers；

　　pEnumLayer. Reset（）；

　　ESRI. ArcGIS. Carto. ILayer pLayer = pEnumLayer. Next（）；

do

{

　　pIdentifyDialog. AddLayerIdentifyPoint（pLayer, x, y）；

　　pLayer = pEnumLayer. Next（）；

} while（pLayer ! = null）；

pIdentifyDialog. Show（）。

（四）数据计算

　　数据计算模块使用 ESRI ArcGIS Engine 的 ToolbarControl 和 MapControl 两个控件。
ToolbarControl 控件用于容纳各种内置和自定义工具，MapControl 读取用来进行计算所需的
地理数据。

　　MapControl 控件是数据计算模块的核心控件，用来装载地图数据对象，相当于 Arc-
Map 中的数据视图。这些装入 MapControl 的地图数据对象是在程序设计是指定好的，并且
可以指定为链接模式和包含模式。在链接模式下，无论何时创建 MapControl 控件，控件会
自动读取从地图文档中读取最新的数据。在包含模式下，MapControl 控件将地图文档中的
数据的一个副本复制到控件中，不再显示复制以后更新的地图文档的内容。把地图文档装
入 MapControl 控件，可以使用 MapControl 控件的 LoadMxFile 方法。

（五）开发过程

　　数据计算模块在整个信息管理系统中以独立窗体的形式存在，当在系统的模块菜单中
选择"数据计算"模块后才会被实例化。数据计算模块的设计视图，如图 3-10 所示。

　　此独立 CalForm 窗体从 System. Windows. Forms. Form 继承而来，包括两个主要对
象和四个主要方法、事件。

　　两个主要对象分别为：MapControl 控件的实例 axMapControl1、ToolbarControl 控件的实
例 axToolbarControl1。

　　四个主要方法和事件为：getproarea（）、getvolume（）、axMapControl1_ OnMouseMove
（）、axToolbarControl1_ OnMouseMove（）。

　　getproarea（）方法用来计算当前水位下库区淹没面积。使用了 ArcGIS Engine 的 Geo-
Database 对象库中的 ITin、ITinAdvanced、ISurface 三个接口。其中，ITin 接口用于新建对

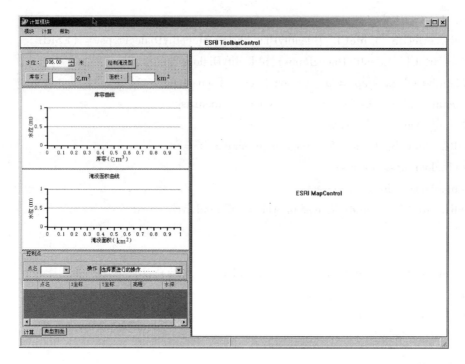

图 3-10　数据计算模块的设计视图

象，ITinAdvanced 接口的 Init（）方法用于初始化 TIN 数据，ISurface 接口的 GetProjecte-dArea（）方法用于计算当前水位下的库区淹没面积。Getproarea（）方法的核心代码如下：

ESRI. ArcGIS. Geodatabase. ITin　　　pTin　　　=
（ESRI. ArcGIS. Geodatabase. ITin）new

ESRI. ArcGIS. Geodatabase. TinClass（）；

ESRI. ArcGIS. Geodatabase. ITinAdvanced pTinAdv =
（ESRI. ArcGIS. Geodatabase. ITinAdvanced）pTin；

pTinAdv. Init（tinPath）；

ESRI. ArcGIS. Geodatabase. ISurface pSur =
（ESRI. ArcGIS. Geodatabase. ISurface）pTinAdv；

return pSru. GetProjectedArea（）。

getvolume（）方法用来计算当前水位下的库容。使用了 ArcGIS Engine 的 GeoDatabase 对象库中的 ITin、ITinAdvanced、ISurface 三个接口。其中，ITin 接口用于新建对象，ITinAdvanced 接口的 Init（）方法用于初始化 TIN 数据，ISurface 接口的 GetVolume（）方法用于计算当前水位下的库区淹没面积。Getvolume（）方法的核心代码如下：

ESRI. ArcGIS. Geodatabase. ITin　　　　pTin　　　=
（ESRI. ArcGIS. Geodatabase. ITin）new
ESRI. ArcGIS. Geodatabase. TinClass（）；

ESRI. ArcGIS. Geodatabase. ITinAdvanced pTinAdv =
（ESRI. ArcGIS. Geodatabase. ITinAdvanced）pTin；

　　pTinAdv. Init（tinPath）；

　　ESRI. ArcGIS. Geodatabase. ISurface pSur =
（ESRI. ArcGIS. Geodatabase. ISurface）pTinAdv；

　　return pSur. GetVolume（）。

axMapControl1_ OnMouseMove（）事件用来获取当前鼠标的坐标转换成地理坐标后显示在状态的右半边。代码如下：

　　private void axMapControl1_ OnMouseMove（object sender，ESRI. ArcGIS. MapControl.
IMapControlEvents2_ OnMouseMoveEvent e）

　　{ statusBar1. Panels［1］. Text = e. mapX. ToString（".00"）+ " "
+ e. mapY. ToString（".00"）+ " " + " Meters"；}

axToolbarControl1_ OnMouseMove（）事件的作用同三维地图模块中的同名事件，不再冗述。

数据计算模块中的水深点击式查询功能是自定义工具。此工具对象继承自 ESRI. ArcGIS. SystemUI. ITool 和 ESRI. ArcGIS. SystemUI. ICommand，通过 ToolbarControl 的 AddItem（）方法添加到工具条中。在实现 ESRI. ArcGIS. SystemUI. ITool 和 ESRI. ArcGIS. SystemUI. ICommand 接口时最主要的部分是重写了 ESRI. ArcGIS. SystemUI. ICommand 接口的 OnMouseDown（）事件。用它来处理鼠标在地图上的点击，搜索鼠标点击点附近的 TIN 数据，根据 TIN 数据进行线性内插，计算出点击点的高程值，并返回给用户。重写 OnMouseDown（）事件的部分代码如下：

ESRI. ArcGIS. Geometry. IPoint pPoint；

ESRI. ArcGIS. Carto. ILayer　　　pLayer　　　=
m_HookHelper. FocusMap. get_layer(0)；

ESRI. ArcGIS. Carto. TinLayer　　　pTinLayer　　　=
（ESRI. ArcGIS. Carto. TinLayer）pLayer；

ESRI. ArcGIS. Geodatabase. ITinAdvanced pTinAdv =
（ESRI. ArcGIS. Geodatabase. ITinAdvanced）pTinLayer. Dataset；

ESRI. ArcGIS. Geodatabase. ITinAdvanced2 pTinAdv2 =
（ESRI. ArcGIS. Geodatabase. ITinAdvanced2）pTinAdv；

ESRI. ArcGIS. Carto. TinElevationRenderer pTinEleRenderer =
（ESRI. ArcGIS. Carto. TinElevationRenderer）pTinLayer. GetRenderer（0）；

pPoint　　　　　　　　　=
m_ HookHelper. ActiveView. ScreenDisplay. DisplayTransformation.
ToMapPoint'（x，y）；

double eleTin = pTinAdv2. GetNaturalNeighborZ（pPoint. X，pPoint. Y）；

double depth = pTinEleRenderer. get_ Break（0）- eleTin；

```
if ( depth < 0 )
  depth = 0;
MessageBox. Show (" 水深为: " + depth. ToString ( ) )。
```

第二节　流域大场景模型国内外研究现状

在流域三维模型研究过程中，众多学者在流域大场景模型建设研究方面已取得许多具有重要理论和实用价值的研究成果。

一、原始地形数据处理方面

在文献［9］中提出了基于固定细节层次 LOD（Level of Detail）与 R 树结构的方法。该方法使用 R 树结构组织 DEM 数据，与四叉树结构相比，则显得不够灵活。同时，固定的 LOD 对格网数据量的简化也是有限的，影响了计算机实时绘制模型的速度。由于不规则三角形网络 TIN（Triangulated Irregular Networks，TIN）本身表达的数据占用空间较小，且表达了一定的拓扑结构。因此，在 GIS 应用中，TIN 作为表达 DEM 的一种数据方式被使用。但是，TIN 需要消耗较大的内存空间，计算量大，且需要较多的预处理工作，其应用受到了一定的限制；在文献［10］中提出了采用层次结构的 TIN 表示多分辨率 DEM 的方法，但该方法计算量过大，难以进行地形景观的实时漫游处理，影响了计算机绘制地物景观的实时交互性；在文献［11］中提出了基于四叉树结构的 TIN 的实时 LOD 动态生成方法，其基础是在可视化之前，对 DEM 数据用四叉树结构进行管理。但是，当 DEM 数据块较大时，用于管理 DEM 的四叉树本身已经占用了较大的内存空间（如 20480×20480 格网，约 400 Mb DEM 数据，每 4×4 格网为一个节点，每节点 16 bit，则四叉树所占空间约为 400 Mb）。同时，尽管该方法在绘制前已精简了大量数据，但为了保证每个细部有足够高的分辨率精度，最终精简后的数据仍然占用了较大的空间，并且实时精简算法对绘制速度有较大的影响，制约了地物景观三维模型绘制的实时交互性。在文献［12］中提出了基于视点简化的 LOD 动态生成算法，该算法在处理跨区域 DEM 地形数据时受到了制约；在文献［13］中提出了基于分形维数的多分辨率简化算法；在文献［14］中针对大型场景的实时绘制，提出了一种分布式并行绘制模型；在文献［15］中提出了以三角形法向量作为简化因子构造多分辨率的简化模型；在文献［16］中提出了一种与视点相关的基于四叉树结构的方法；在文献［12~16］中应用的方法在处理格网数据时，使用四叉树数据结构对 DEM 进行管理，内存消耗过大，难以对大规模规则格网结构的 DEM 实施实时可视化处理；在文献［17］中提出了三角网划分的方法，但是该方法在处理跨流域大数据集时受到了一定的限制；在文献［18］中针对三维游戏中室外场景渲染消耗内存大、效率低的问题，提出了一种基于四叉树剖分的层次细节地形绘制算法，实现了地形多分辨率网格绘制。该算法采用将共享顶点唯一存储的四叉树进行网格表示，并利用过程纹理合成技术实现地形的多纹理映射，模拟地表多种地貌混合的真实效果。但是，该算法仍然占用较大的内存空间，影响了计算机绘制三维模型的速度；在文献［19］中研究的主要内容为了满足大数据量网格模型绘制过程中对绘制速度和逼真度的要求，提出了一种基于距离阈值和分割标志的双向裂缝消除方法，通过对距离阈值和节点分割标志进行判定，经距离阈值限制后，分别从缩减和剖分两个相反的方向对产生裂缝的相关节点进行处理，当视点与节点中心距离大于所给定阈值时缩减高精度节点。反之，剖分低精度节点。该方法减少了所需渲染的三角形的数目。但是，该方法是应用在 TIN 数据的精简过程中，而且 TIN 数据本身需要消耗较大的内存空间，计算量较大，需要较多的预处理工作。所以对 TIN 数据进行处理的前期工作较繁锁，工作量大。在文献［20］中提出了一种基于图形处理器 GPU（Graphic Processing Unit）的大规模地形快速渲染技术。该技术主要从纹理图像的调度与渲染、三维网格模型的构建两方面进行研究，把原来中央处理器的工作转移到 GPU 中去，充分利用了 GPU 这一强大的计算工具。在纹理图像的调度与渲染方面提出了基于 GPU 的大规模地形纹理调度与渲染机制，并在分析 GPU 并行计算优缺点的基础上，提出了一套基于小波变换和矢量化的图像压缩算法，通过 GPU 直接编程，单独完成了该压缩方法的解压部分。基于 GPU 的大规模地形纹理调度与渲染技术主要应用在大面积三维地形仿真中，有效地提高了实时渲染的效果。在该文献中，在解决三维网格模型的构建问题时，主要进行了数字高程数据的简化。首先，提出了基于小波分析的高程数据的简化与多分辨率表示方法，然后通过 GPU 直接编程来实现小波变换与反变换。在该文献中应用的方法解决了中央处理器资源不足的缺陷，并应用相关算法进行了数据的压缩和解压缩。由于通过压缩算法压缩数据的程度较小，经过压缩后的数据仍然占用了较大的空间，对绘制速度有较大的影响，制约了地物景观三维模型绘制的实时交互性；在文献［21］中对于全球范围地形数据的应用进行分析研究，主要对全球地形数据进行了静态处理、动态调用。其中，对数据的静态处理主要进行了数据的压缩；对全球数据的动态调用，主要是根据视点的高度能够快速定位到所需要调用的数据层，而根据视点的位置和视线方向，又可以很快地确定目标点周围的数据块，通过绘制这些有限的数据块，从而实现全球范围三维地形实时绘制。文献中主要解决了全球三维地形数据组织管理的关键问题，即克服全球海量数据的使用问题。海量数据必须进行分块压缩和调用，将海量数据按照某种要求分成多个部分，对每个部分的数据量作必要的限制，使用时可以根据访问要求调用其中的一个或多个部分。利用高分辨率的数据来建立同一区域的低分辨率数据，以提供连续性的显示。而对于同一层相同分辨率的数据，根据区域范围对数据进行分块压缩和调用，以数据块为单位对数据进行操作；在文献［22］中阐述了构建大规模三维地形模型的关键技术，包括地形分块技术、多分辨率模型管理技术、多级纹理贴图技术，给出了实时渲染时的动态调度与管理方法。应用该技术，做了一些关于某大规模三维地形实时漫游方面的实验。结果显示，应用该方法可以在普通 PC 机上实现大规模三维地形场景的实时漫游。但该方法主要是对大规模地形数据进行分块处理和调度，并进行了纹理贴图技术的研究。对大数据集的地形数据进行实时交互绘制时，该方法不能够实现大比例的精简，影响了三维地形模型的交互绘制；在文献［23］中针对全球多分辨率地形环境的数据特点和渲染需要，结合多分辨率 LOD 模型技术，设计并实现了一种面向全球的金字塔模型，并详细说明了金字塔模型的构建规则。在分析传统分层分块方案的不足的基础上，提出了设计的分层分块方案，并分析了方案的可行性和分层分块后的结构组织。文献中所提出的全球金字塔模型是针对全球范围的地形数据进行合理的组织和调度，并对调度方案进行了优化。对大数据集的地形模型数据没有进行精简处理。

二、遥感影像数据处理方面

在文献 [24] 中首次以亮度（I）、色度（H）、饱和度（S）作为定位参数的色彩空间引入遥感影像融合中，并成功地利用高分辨率影像对多光谱影像进行增强处理。同时，由于其运算简单且融合影像具有较好的目视效果，受到众多学者的关注，并被广泛应用。但该方法不足之处在于融合影像的光谱存在严重失真现象。在文献 [25] 中提出了可以克服多光谱影像不同波段之间的相关性的方法，可以应用于成像机理不同的遥感影像之间的融合。另外，对 SAR（合成孔径雷达）影像与 Landsat TM（陆地资源卫星）影像的融合效果也进行了研究，虽然经主成分变换融合方法处理的影像在光谱保真效果方面优于 IHS（亮度、色度、饱和度）融合方法，但融合影像的目视效果却不是十分理想。比值变换融合法最基本的假设就是全色波段影像可以通过对多波段影像进行求和而得到，但随着研究的深入，发现全色波段影像与多光谱影像的各个波段不是简单求和关系，而且比值变换融合方法与 IHS 法一样，不足之处在于存在三波段的限制；在文献 [26] 中针对高分辨率遥感影像融合中的 IHS 变换融合法和比值变换融合法的处理效果进行了详细的分析，从光谱真实性和空间纹理信息两个方面进行综合考虑。比值变换融合法获取的空间信息最多，但不能很好地保留光谱信息；IHS 变换融合法能很好地保留光谱信息，获取空间信息的能力也较大，较适合于高分辨率影像融合处理，但受到了波段数目的限制，在融合图像中会丢失一些景观信息；在文献 [27] 中分析基于 IHS 变换的图像融合彩色畸变的基础上，提出一种改进的 IHS 融合方法 IIHS（Improved IHS Fusion Arithmetic）结合小波变换在变换域具有良好的分频特性，又提出一种基于小波统计特性的遥感影像的联合最优融合方法 UOF（United Optimal Fusion），在 IIHS 和 UOF 融合方法的基础上提出的一种基于模糊积分的最优融合方法 FOF（Fuzzy Optimal Fusion）可以有效地综合多指标因素，这些方法将像素级图像融合和特征图像融合进行结合，不仅能够大大地提高多光谱影像的空间分辨率，同时能够最大限度的抑制光谱畸变，使得融合结果更加符合人对融合影像的主观感受。但是上述方法缺乏统一的数据融合模型特别是数学模型。目前各种融合模型并存，而且每种模型又建立了若干的融合方法，每种模型都存在优点和缺点，使用范围都比较狭窄，模型之间的相互转换比较困难。在文献 [28、29] 中传统的影像单级融合技术基础上，提出了基于遗传算法的分级影像决策融合方法，该方法适用于影像之间的冗余度、互补程度和融合顺序均未知的情况。算法采用模糊逻辑和遗传算法确定了影像间的冗余度和互补程度，并由此得出了近似的影像最优分级决策融合方式，通过实验比较了分级融合、单级融合以及源影像的目视效果和数学统计结果。在文献中提出的基于遗传算法的分级决策影像融合算法，利用遗传算法的并行性，能够较好地解决影像融合过程中的分级策略及相应的多参数优化问题，并且在算法中对遗传操作做了优化，节约了时间，获得了较好的效果。但是，算法在多次调用遗传算法时，出现过程效率降低的现象。在文献［30］中提出了 IHS 变换和小波变换结合的影像融合方法，由于 IHS 变换法与小波变换法具有互补性，通常情况下，基于 IHS 变换融合增强方法可以提高结果影像的地物纹理特性，但光谱失真较大。基于小波变换融合增强方法能有效地增强多光谱影像的空间细节表现能力，保持影像融合前后的光谱特性，但多光谱影像增强的效果受到小波分解阶数的影响，容易出现分块效应与地物纹理模糊。文献把小波变换融合增强方法与基于 IHS 变换融合增强方法结合起来，提出了一种基于 IHS 变换与小波变换的遥感影像融合方法，将高分辨率的全色影像与低分辨率的多光谱影像融合，利用了小波变换融合增强方法保持影像融合前后的光谱特性，同时利用了 IHS 变换融合方法来增强光谱图像的空间细节表现能力。该方法既能很好地增强多光谱影像的空间细节表现能力，保持多光谱影像的光谱信息，又能够提高融合影像的地物纹理特性。该方法在处理影响时受到了波段数目的限制，在融合图像中会丢失一些景观信息。在文献［31］中提出了基于 IHS 变换、小波变换与高通滤波的遥感影像融合方法。利用 IHS 变换法来增强结果影像的空间细节表现能力，利用小波变换法来保留多光谱影像的光谱特性，在使用小波变换法的同时，利用高通滤波法对小波变换的低频部分进行融合，以便尽量多保留全色影像的细节信息，避免融合后的影像出现细节模糊。该方法不仅很好地保留了多光谱影像的光谱信息，而且增强了结果影像的空间细节表现能力，提高了结果影像的信息量与清晰度。同样，该方法在处理影像时受到了波段数目的限制，在融合图像中会丢失一些景观信息。在文献［32］中针对 IHS 变换法对多光谱图像和高分辨图像进行融合会丢失较多的光谱信息，称之为光谱扭曲。该方法利用直方图匹配的方法来解决光谱特征扭曲的问题，经过直方图匹配处理后的高分辨图像和多光谱图像的光谱强度分量具有较强的相关性，经 IHS 反变换后可以得到具有较好空间分辨率和光谱信息的融合图像。文献中以 TM 图像和 SAR 图像融合为例进行分析，结果表明，该方法得到的融合图像优于传统的 IHS 变换法。由于受融合时图像波段数目的限制，在融合结果中有些地物景观信息会出现丢失现象。

三、当前研究存在的问题

综上所述，在原始地形数据处理方面，由于上述开展的工作是基于视点对网格（TIN 或 Grids）进行实时简化计算，数据以层次结构进行组织，造成精简后数据仍然占有较大的空间，因此存在着难以处理大数据集的问题。

在基于 TIN 模型的 DEM 简化算法和基于 Grids 的对格网进行精简的算法研究中，预处理与可视化的实时计算量大，而且对景观的重要区域也进行了不必要的精简，因此在处理大数据集时受到了一定的限制。同时，这些方法对计算机硬件平台要求较高，更适合在图形工作站环境下进行运行。

在遥感影像数据处理方面，传统的遥感影像融合处理方法存在光谱信息失真、受遥感图像波段数目限制和目视效果差等缺陷，达不到预期的图像融合效果，给图像的叠加和可视化造成了一定的影响。

（一）流域多分辨率大场景模型实时交互问题提出

由以上国内外流域大场景模型相关研究综述可知，在流域大场景模型构建方面，还存在一些不尽如人意的地方。另外，上述的流域大场景模型研究以二维电子地图和小数据集场景模型绘制为主，由于小数据集的流域场景模型绘制在当前计算机性能条件下能够顺利运行，而对于流域大数据集三维景观模型进行实时交互绘制，还存在分层次进行数据精简的问题，这是本文研究的主要问题。

由于三维景观模型数据庞大和目前计算机硬件性能的限制，使得流域多分辨率大场景模型进行绘制时，超出了计算机的运算能力和内存空间。因此，在实现流域大场景模型的实时交互绘制时，需要对原始的 DEM 地形数据进行合理的精简，并对遥感影像数据进行融合处理，尽量减少流域场景模型的数据量，加快计算机的运行速度，实现流域多分辨率大场景模型的实时交互绘制。

（二）关键技术与难点

1. 原始 DEM 地形数据分层处理

应用实时动态格网层次处理技术对 DEM 重要区域进行高分辨率精简，对次重要区域进行低分辨率精简，形成了多分辨率多层次的 DEM 数据结构。在保证 DEM 重要区域精度的条件下，加快计算机绘制三维景观模型的速度。

2. 遥感影像融合处理

应用基于边缘信息检测的 IHS 变换融合方法对原始的 SPOT（地球观测系统）影像和 Landsat TM（陆地资源卫星）影像进行处理过程中，应用罗伯特算子对亮度分量 I 和 SPOT 影像进行检测计算，产生新的亮度分量 I′，将分量 I′ 和色度 H、饱和度 S 进行反变换计算，得到信息丰富的遥感图像。

（三）主要研究内容

1. 流域多分辨率大场景模型框架

流域多分辨率大场景模型由两部分组成：多分辨率地形模型、遥感影像模型。

2. DEM 原始地形数据处理

应用实时动态格网层次处理技术对 DEM 重要区域进行了高分辨率精简，对次重要区域进行了低分辨率精简，形成了多分辨率多层次的 DEM 数据结构，克服了计算机在绘制海量数据时，出现的停顿、闪烁等不良现象。在保证 DEM 重要区域精度的条件下，加快了计算机绘制三维景观模型的速度，满足了三维可视化实时交互的需求。

3. 遥感影像处理

应用基于边缘信息检测的 IHS 变换融合方法在对原始的 SPOT（地球观测系统）影像和 Landsat TM（陆地资源卫星）影像进行处理过程中，应用罗伯特算子对亮度分量 I 和 SPOT 影像进行检测计算，产生新的亮度分量 I′，将分量 I′ 和色度 H、饱和度 S 进行反变换计算，得到了信息丰富的遥感图像，避免了传统遥感影像融合方法受波段数目限制和信息丢失等因素的影响，满足了信息管理的需要。

4. 实际应用

在多分辨率地形模型、遥感影像模型构建完成的基础上，阐明了构建洪水场景模拟模型的平台和环境以及模型构建的技术路线。之后，研究了模型构建的方法和具体构建步骤，继而研制了库容和淹没面积计算的功能模块，并将上述研究成果应用到水利地理信息系统平台研制中，取得了令人满意的运行效果。

四、小结

本章在总结了国内外有关流域大场景模型构建参考文献的基础上，分析了流域大场景模型的构建和绘制的实时交互性，并针对具体的问题提出了具体的解决方案，即对原始地形数据应用实时动态格网层次处理技术进行分层精简，最大限度的精简流域场景模型的数据量；应用基于边缘信息检测的 IHS 变换融合方法进行图像的融合，得到信息更加丰富的遥感影像。最后，介绍了论文的主要研究内容和整体结构安排。

第四章　构建流域大场景地形模型

第一节　引　言

流域模型的三维可视化技术是地理信息系统和虚拟现实技术中的关键部分。近年来，许多学者进行了这方面的研究，使得这一技术日臻成熟。从数字城市到数字中国再到数字地球，所涉及到的地形 DEM 数据分辨率越来越高，地域越来越广，数据呈几何级数增长。鉴于目前广泛使用的 Win32 操作系统和计算机硬件性能条件下，要想实现大场景三维模型的实时交互绘制，需应用各种有效的算法对 DEM 地形数据进行精简。但是，目前有关三维模型研究的重点在于如何精简并有效地组织地形数据，以达到高速度、高精度的可视化，而为了精简数据引入的各类算法一般均建立在对地形数据的空间组织结构上（如基于四叉树的结构管理），从而使得可视化的预处理工作与实时处理算法比较复杂。这样，很大程度上影响了流域三维模型实时绘制的速度，同时也限制了可视化的数据范围，难以实现大场景大数据集地形的实时漫游。

第二节　地形模型空间信息表达

一、大场景地形模型表示方法

虚拟地理系统中所应用的三维电子地图是由二维电子地图发展而来的。在地理信息系统发展初期，人们使用的是二维电子地图，但是随着技术的发展和用户要求的不断提高，已经不满足于使用二维电子地图的现状。于是人们试图寻找立体地形图的表示方法，寻求一种既能符合人们的视觉行为、日常生活习惯，又能真实地表达地球上的空间地物的方法。在逐步摸索的过程中先后使用过个体符号法、线状符号法、运动符号法、范围法、质底法、量底法、等值线法、点值法、网格法、定点统计图表法、分区统计图表法、分区分级统计图法、写景法、地貌晕翁法、地貌晕渲法、分层设色法、专题地图法等。但是，这些方法由于片面性、不确切性、缺乏严密的数学理论，有时在绘制的时候比较复杂等原因而受到了限制。20 世纪中叶以后，伴随着地理科学、计算机科学、测绘学、信息科学、环境科学、空间科学、遥感学、管理科学、现代数学和计算机图形学等的发展，以及各种应用软件的相继出现，为数字化空间地物提供了前所未有的技术条件。

绘制三维地形模型的技术主要有以下三类：分形地景仿真，曲面拟合地形仿真，数字地面模型[33]。其中，分形地景仿真是利用分形几何具有细节无限和统计自相似的典型特性，通过递归算法使复杂景物可用简单的规则来生成。它的算法复杂度高，且没有与实际所需的真实地形、地貌相联系，受到了很大的限制。曲面拟合地形仿真是根据控制点选择合适的曲面拟合方程对地形进行拟合，虽然使用方便，但是曲面方程不易确定所选择的参数，经过拟合生成地形过于光滑缺乏真实感，因此在实际应用中使用的不多。数字地面模型是对地形起伏形状的数字化描述，由于使用方便，在实际应用中被广泛使用。其中数字高程模型是数字地面模型的一种特殊形式。

二、数字地面模型

数字地面模型这一概念，最先是由美国麻省理工学院的 Chaires L. Miller 教授于 1955 年提出的。当时研究的目的是如何应用从摄影测量获得的数据，通过数字化计算的方法来加快公路设计。数字地形模型是一个表示地形特征的、空间分布的、有规则的数字阵列，也就是将地形表面用密集的三维坐标 X、Y、Z 表示的一种数学表达形式。它除了适合于计算机处理的地貌形态的数字表示外，还包括插值运算和各种实用程序。数字地形模型最初的含义只考虑了地貌要素，其余的诸如居民地、建筑物、道路、桥涵、水系等自然要素和人工要素均不包含在数字地形模型之内。随着数字地形模型理论的发展和应用的普及，人们已逐步认识到只考虑地貌的数字地形模型，不能确切地表示地表形状和特征，也不能完全满足各种工程设计的需要。所以在数字地形模型的研究中，从单纯地形地貌的考虑已逐渐增加至地物、各种人工构造物、水系等多种因素，使数字地形模型对地形的适应能力更强，应用更为广泛。

数字地面模型不同于地形图、地形立体模型等直观表示地形的方法，而是以抽象的数字阵列表示地貌起伏、地表形态。虽然数字地面模型是一种不直观的、抽象的地表形态表示，人眼不能直观觉察，但这种形态对计算机的运算非常有利，计算机可以从中直接、快速、准确地识别，进行数据处理，提供简洁的地形数据，以实现各项作业的自动化。所以，数字地面模型是航测与制图自动化，公路与铁路设计自动化，各类要求得到地形信息，以及在地面上量测面积、坡度、高程等工作的基础。

从数字地面模型的概念提出至今，计算机的发展大大促进了数字地面模型方法的发展，应用范围也越来越广泛，特别是民用工程和军事工程应用较多。例如在公路、铁路勘测设计中选线、路线优化、土石方计算；水利工程中进行水库设计、运河和渠道的布线、土方挖掘量计算；电力部门高压线路选线设计。另外在农田规划、土地利用、城市建设、资源考察等方面也有应用。在军事方面可用于飞机导航、远程武器制导，机场和导弹发射场的设计，各种军事设施的设计施工等。在航测和制图自动化以及遥感方面的应用有着更为广阔的前景，如用于自动化制作立体地图，自动绘制等高线地形图，自动制作正射影像图，进行遥感信息的图像恢复，制作地形透视图等。由于地形要素在短时期内变化不大，所以建立数字地面模型子数据库就能长期使用，可以用简单而快速的方法进行地图更新，缩短数据收集与地图出版之间的周期，所以数字地面模型在制作数字地图、建立制图资料数据库方面更具有重要的意义。此外，由于数字地面模型含有丰富的信息，在建立地理信息系统和自动编绘各种专题地图的工作中也可以发挥很大的作用。

数字地面模型是由对地形表面取样所得到的一组点的 X、Y、Z 坐标数据和一套对地面提供连续描述的算法组成，用函数的形式描述为：（DTM $= \{X_i, Y_i, Z_i\}$，$i = 1$，2，3，$\cdots$，$n-1$，n，X_i、Y_i 对应平面坐标，Z_i 对应地面特征）。简单地说，数字地面模型是按一定结构组织在一起的数据组，它代表着地形特征的空间分布。

在测制数字地面模型时，首先应用相应的测量方法在测区内测出一定数量的离散点的平面位置和高程，这些点称为控制点（数据点或参考点）。接着，以控制点为网络框架，在其中内插大量的高程点，当然内插点是由计算机根据一定的计算公式并依照某种规则图形（如方格网）得到的。控制点和内插点的平面位置和高程数据的总和，即为该测区的数字地面模型。它以数字的形式表示了该测区地貌形态的平面位置，以点的 X、Y 坐标表示平面位置，Z 坐标表示地面的特征。

数字地面模型的数据来源主要有两个方面：一是直接取自地形表面；二是间接取自地形表面的模拟模型。根据数据获取的方法不同，数据来源也可以分为以下四种：①在现有地形图上采取。最简单的方法是在数字化台上手工跟踪等高线。现在常用的方法是使用扫描装置采取。②从摄影测量立体模型上采取。大多数立体测图仪、解析测图仪的数字化系统都能从遥感像片上采取数据。自动化的摄影测量系统则采用自动影像相关器，沿着扫描断面产生高密度的高程点。③野外实地测量，即在实地直接测量地面点的平面位置和高程，一般使用电子速测仪进行观测。④由遥感系统直接测得。如航空和航天飞行器搭载雷达和激光测高仪获得的数据。

应用数字地面模型构建地形模型时，需要进行数据的精简。精简的主要方法是控制与视点相关的且受多种因素作用的图元数目的变化，主要应用的算法有数字地面模型跳跃式采样和加权简化模型方法。在应用加权简化模型方法的过程中，将数字地面模型数据调入后采用一个与视点密切相关的权重因子表达式 S 作为度量的标准，以决定所调用的细节层次，如图 4-1 所示。设坐标原点为 O $(0, 0, 0)$，视点为 $E(X_e, Y_e, Z_e)$，目标点为 $T(X_t, Y_t, Z_t)$，则视点与目标点之间距离为：

$$S = |ET| = \sqrt{(X_e - X_t)^2 + (Y_e - Y_t)^2 + (Z_e - Z_t)^2} \tag{4-1}$$

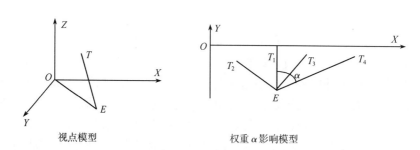

视点模型　　　　　　　权重 α 影响模型

图 4-1　权重影响对比

考虑到视点在垂直方向上的平移对于视点与各数字地面模型块之间的相对距离影响较小，将 S 表达式简化到二维平面，可以极大地降低计算的复杂度，S 二维的表达式为：

$$S = |ET| = \sqrt{(X_e - X_t)^2 + (Y_e - Y_t)^2} \tag{4-2}$$

另外，模型的细节程度不仅与视点位置有紧密关系，而且与视角 α 也有关。由于视角 α 在一定程度上受用户的兴趣控制，把它作为权重因子 α 考虑。显然，在 ET 长度一定前提下，α 越小的点，视觉效果越敏感。从而 T_1 处的细节度应高于两侧的点。因此，除了考虑视点位置外，在 S 表达式中还应加入一个权重因子，S 表达式可以表示为：

$$S = S + SF(\alpha) \qquad (4\text{-}3)$$

权重因子 $F(\alpha)$ 为：

$$F(\alpha) = \frac{1}{2}\sin\alpha \qquad (4\text{-}4)$$

所以，最终 S 表达式可以表示为：

$$S = \left(1 + \frac{1}{2}\sin\alpha\right)\sqrt{(X_e - X_t)^2 + (Y_e - Y_t)^2} \qquad (4\text{-}5)$$

在场景生成的过程中，各块与视点的相对距离用该块几何中心来计算，即 S 值越小的块是越敏感的块，应当调入分辨率较高的模型和影像。反之，应调入分辨率较低的模型和影像。

三、数字高程模型的定义及构建方法

数字高程模型是用一组有序数值阵列形式表示地面高程的一种实体地面模型，是数字地形模型的一个分支（图 4-2）。数字地面模型是描述包括高程在内的各种地貌因子，如坡向、坡度及坡度变化率等因子在内的线性和非线性组合的空间分布，其中数字高程模型是零阶单纯的单项数字地貌模型，其他如坡向、坡度及坡度变化率等地貌特性，可在数字高程模型的基础上派生出来。数字地形模型的另外两个分支是各种非地貌特性的、以矩阵形式表示的数字模型，包括自然地理要素以及与地面有关的社会经济及人文要素，如土壤类型、土地利用类型、岩层深度、地价、商业优势区等。实际上，数字地面模型是一种栅格数据模型。它与影像栅格表示形式的区别主要是：影像是用一个点代表整个像元的属性，而在数字地面模型中，格网的点只表示点的某个属性，点与点之间的未知属性可以通过内插的方法计算获得。

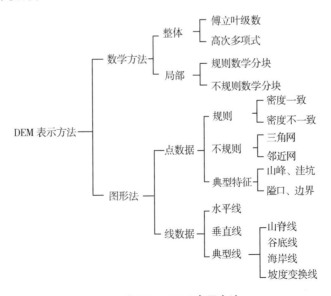

图 4-2 DEM 表示方法

应用数字高程模型构建地形模型时需要应用数字高程模型的内插来完成。数字高程模型内插是研究具有连续变化特征现象的数值内插方法，可以根据若干相邻参考点的高程值求出待定点的高程值。根据数字高程模型构建地形模型的基本思路可以描述为：应用已知的高程点选择合适的数学模型，求出函数的待定系数，将系数回代数学模型，计算出规则格网交点上的高程值，常用的方法有最小二乘法。该方法的基本思路为：确定一系列已知点 $\{x_i, y_i, z_i\}, i = 1, 2, \cdots, n$，应用距离加权的最小二乘法，为局部内插拟合一个曲面，该曲面是符合整体的一个趋势曲面，一般情况不通过已知的数据点，在待求的格网交点 P 附近的区域建立一个能用一个二次多项式表达的曲面，设该二次多项式方程为

$$f(x, y) = c_{00} + c_{10}x + c_{01}y + c_{20}x^2 + c_{11}xy + c_{02}y^2 \qquad (4\text{-}6)$$

z 值的误差方程为

$$v_i = f(x_i, y_i) - z_i, i = 1, 2, \cdots, n \qquad (4\text{-}7)$$

应用上述方法为局部内插来拟合已知点。所以，给已知点周围区域的数据点按距离远近赋予不同的权数，即确定出系数 c_j，$j = 1$，2，$\cdots$，6，使得

$$Q = \sum_{i=1}^{n} \omega_i \left[f(x_i, y_i) - z_i \right]^2 = \sum_{i=1}^{n} \omega_i v_i^{\ 2} = \min \qquad (4\text{-}8)$$

成立。其中，ω_i 是权函数，一般取 $\omega_i = \dfrac{1}{d_i^{\ 2}}$，$d_i$ 是 P 与数据点 (x_i, y_i) 之间的距离。根据 $\dfrac{\partial Q}{\partial c_j} = 0, j = 1, 2, \cdots, 6$，可得出 6 阶线形方程组

$$AC = L \qquad (4\text{-}9)$$

其中：

$$A = \begin{bmatrix} \sum \omega_i & \sum x_i \omega_i & \sum y_i \omega_i & \sum x_i y_i \omega_i & \sum x_i^2 \omega_i & \sum y_i^2 \omega_i \\ \sum x_i \omega_i & \sum x_i^2 \omega_i & \sum x_i y_i \omega_i & \sum x_i^2 \omega_i & \sum x_i^3 \omega_i & \sum x_i y_i \omega_i \\ \sum y_i \omega_i & \sum x_i y_i \omega_i & \sum y_i^2 \omega_i & \sum x_i y_i^2 \omega_i & \sum x_i^2 y_i \omega_i & \sum y_i^3 \omega_i \\ \sum x_i y_i \omega_i & \sum x_i^2 y_i \omega_i & \sum x_i y_i^2 \omega_i & \sum x_i^2 y_i^2 \omega_i & \sum x_i^3 y_i \omega_i & \sum x_i y_i^3 \omega_i \\ \sum x_i^2 \omega_i & \sum x_i^3 \omega_i & \sum x_i^2 y_i \omega_i & \sum x_i^3 y_i \omega_i & \sum x_i^4 \omega_i & \sum x_i^2 y_i^2 \omega_i \\ \sum y_i^2 \omega_i & \sum x_i y_i^2 \omega_i & \sum y_i^3 \omega_i & \sum x_i y_i^3 \omega_i & \sum x_i^2 y_i^2 \omega_i & \sum y_i^4 \omega_i \end{bmatrix}$$

$$C = \begin{bmatrix} c_1 \\ c_2 \\ c_3 \\ c_4 \\ c_5 \\ c_6 \end{bmatrix}$$

$$L = \begin{bmatrix} \sum x_i \omega_i \\ \sum x_i z_i \omega_i \\ \sum y_i z_i \omega_i \\ \sum x_i y_i z_i \omega_i \\ \sum x_i^2 z_i \omega_i \\ \sum y_i^2 z_i \omega_i \end{bmatrix}$$

由 $C = A^{-1}L$ 可得

$$z = \begin{bmatrix} 1,x,y,x^2,xy,y^2 \end{bmatrix} A^{-1}L \tag{4-10}$$

上述方法是最小二乘法内插在数字高程模型构建三维地形模型过程中的应用。该方法对数据点的要求比较严格，原始的已知数据点个数不应过少，通常情况下不能少于 6 个，且分布应比较均匀。当数据点过于密集时，应将区域分割成块，通过权函数进行进一步的处理。

四、数字高程模型的分类

在地理信息系统中最主要的三种模型分类为：等高线（Contour）模型、不规则三角网（TIN）模型、规则格网（Grids）模型。

（一）等高线模型

每一条等高线对应一个已知的高程值，这一系列等高线集合和它们的高程值一起构成了一种地面高程模型，如图 4-3 所示。等高线通常被存储成一个有序的坐标点序列，可以认为是一条带有高程值属性的简单多边形或多边形弧段。由于等高线模型只是表达了区域的部分高程值，往往需要一种插值方法来计算落在等高线以外的其他点的高程。又因为这些点是落在两条等高线包围的区域内，所以，通常只要使用外包的两条等高线的高程进行插值。

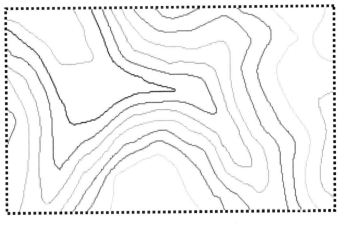

图 4-3 等高线模型

（二）不规则三角形网模型

不规则三角形网模型是由不规则分布的数据点，按照优化组合的原则，将这些离散点组合成一个连续的三角面，采用此不规则三角形来逼近地形表面，三角面的形状和大小取决于不规则分布的观测点的密度和位置，如图 4-4 和图 4-5 所示。

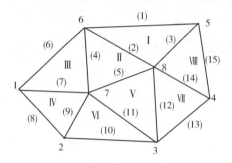

图 4-4　三角网

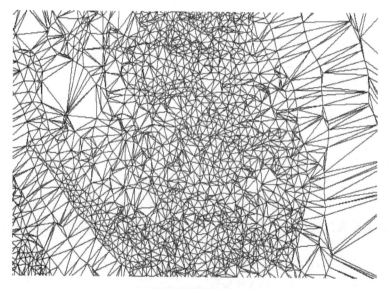

图 4-5　TIN 模型

在不规则三角网模型构成的过程中，根据各种算法的实现过程大致可以把生成三角网的算法分为三类：三角网生长法（分治算法）、逐点插入法、分割归并法。

1. 三角网生长算法

三角网生长算法的基本思路是，先找出点集中相距最短的两点，连接成为一条狄洛尼（Delaunay）边，然后按狄洛尼三角网的判别法则，找出包含此边的狄洛尼三角形的另一端点，依次处理所有新生成的边，直至最终完成。

三角网生长算法的基本步骤是：

（1）生成初始三角形。在数据点中任取一点（该点一般是位于数据点的几何中心附近），并寻找距离此点最近的点，两者相连成初始基线，利用三角剖分准则寻找第 3 点，以形成第 1 个狄洛尼三角形。

84

（2）扩展三角网。以初始三角形的 3 条边为初始基线，利用空外接网准则寻找能与该 3 条初始基线形成狄洛尼三角形的 3 个点。

（3）重复第 2 步，直到所有的数据处理完毕。

2. 逐点插入算法

逐点插入算法是指将未处理的点逐个插入已有狄洛尼三角剖分中，同时优化狄洛尼三角剖分，它是一个动态构网的过程，新点的插入会导致已有三角网的改变。逐点插入算法思想最早是由 Lawson 在 1977 年提出的，随后又经 Tsai 等人对其进行了改进。

逐点插入算法的基本步骤是：

（1）定义一个包含所有数据点的初始多边形。

（2）对所有数据点进行循环，查找包含数据点 P（当前处理数据点）的三角形 T，并把数据点 P 与三角形 T 的 3 个顶点相连，生成三角形 T 的 3 个新的剖分三角形。

（3）用局部优化过程 LOP（Local Optimization Procedure）算法优化三角网。

3. 分割合并算法

分割合并算法的思想最早是由 Shamos 和 Hoey 提出的。分割合并算法的基本思路是，首先将点数据集进行排序、分割，递归地把点集划分足够小、互不相交的子集，在每一个子集内构建狄洛尼子三角网，然后逐步合并相邻子集，最终形成整个点集的狄洛尼三角网。由于点集分布的不均匀性，如何对点集进行分割是一个关键，它直接影响其后子集的合并效率。根据分割、合并方法的不同，可以分为单向、双向、四叉树等[44]。

分割合并算法的基本步骤如下：

（1）把数据集以横坐标为主、纵坐标为辅按升序排序。

（2）如果数据集中的数据个数大于给定的阈值，则把数据域划分为个数近似相等的左右两个子集，然后进行以下工作：①计算每一子集的凸壳；②以凸壳为数据边界，对每一数据子集进行三角剖分，并用 LOP 进行优化，使之成为狄洛尼三角剖分；③找出连接左右子集两个凸壳的底线和顶线；④由底线到顶线，合并两个子三角网。

（3）如果数据集中的数据个数小于给定的阈值，则直接输出三角剖分结果。

综上所述，在 TIN 三角形进行剖分的过程中操作过于复杂，存储的数据结构存在冗余情况。另外，在数据量比较大时，合成算法所耗费的时间与点数几乎成线性的关系，耗时过长，需要消耗较大的内存空间，计算量大，且需要较多的预处理工作，难以进行地形景观的实时漫游处理。另外，所应用的算法对计算机硬件平台要求较高，适用于高性能的图形工作站环境。

（三）规则格网模型

规则格网通常是正方形，也可以是矩形、三角形等规则格网。规则格网将区域空间划分成规则的格网单元，每个格网单元对应一个数值，即高程值，如图 4-6、图 4-7 所示。

一般认为正方形的格网 DEM 是每个格网交点处 Z 值所构成的集合，因此 DEM 可以写成如下形式：DEM $= \{Z_{i,j}\}$。i，$j = 1$，2，3，$\cdots$，$n-1$，n。格网 DEM 比较

45	45	50	50	50	50	56	56
58	45	45	60	62	50	56	56
58	58	45	45	62	50	56	56
58	58	60	45	45	50	56	56
58	58	65	60	45	45	56	56
55	55	55	62	41	45	45	56
55	55	69	64	41	41	45	61
55	55	70	59	41	41	45	62

图 4-6 规则格网 DEM 模型

容易用计算机进行处理，它有利于内插等高线，计算坡度、坡向，自动提取流域地形，使之成为 DEM 最广泛的使用格式，目前许多国家提供的 DEM 数据都是以规则格网的数据矩阵的形式发布的。

图 4-7　DEM 生成的三维地形模型

在对原始规则格网大场景地形数据进行处理时，主要应用到以下两个关键技术：原始 DEM 地形数据的细化处理，细节层次技术（LOD）。

1. 原始格网地形数据细化处理

当 DEM 分辨率较大时，地形模拟容易失真，因此三角形划分前一般先对 DEM 格网进行细化处理。细化处理时逐层进行，每次进行二分处理（如图 4-8 所示），处理过程的新结点按照一定的算法得到，常用算法为双线形内插算法。细化的终止条件是每个 DEM 格网单元在计算机屏幕上的投影面积在 4 个像素之内。DEM 细化可采用递归算法实现。

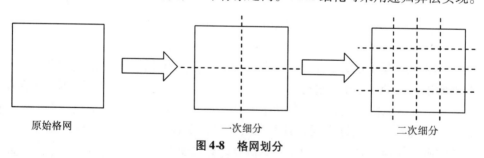

原始格网　　　　　　　　　　　　一次细分　　　　　　　　　　　　二次细分
图 4-8　格网划分

在对原始数据经过细化处理后应用了分维曲线的分形布朗运动（fbm）模型，并应用于山脉表面的纹理细节的模拟。具体实现算法可描述为：假定给定的初始线段的两端点分别为 p_i、p_{i+1}，通过随机扰动该线段的中点来完成一次迭代，其迭代公式为

$$f_{mid} = \frac{f_i + f_{i+1}}{2} + roughness \cdot Rand()$$

(4-11)

式中：$roughness$ 控制当前层次的扰动量；$Rand()$ 为位于 [−1，1] 之间的某一随机数；f 表示位置矢量的各个分量。

上式为傅立叶的分维曲线模型的一般表达式，其中采用均值为 0、方差为 1 的正态随机分布函数来产生 [−1，1] 之间的随机数。随着分割迭代层次的不断深入，其当前层

86

扰动量 *roughness* 将以 2 的倍数逐渐衰减。算法以递归方式进行，直至到达给定的分割层次或被分割线段的长度小于给定的阈值。

2. 细节层次技术

大场景地形的渲染是使用三维虚拟现实系统进行绘制时所需要处理的核心部分，而实现一个大场景地形的渲染的关键是如何简化地形数据，减少不必要的渲染动作来加快渲染速度。采用动态 LOD 技术是一个强有力的解决方案。当需要生成具有真实感较强场景的时候，由于场景本身的数据庞大，要实现绘制的实时交互是不大可能的。因此，必须从场景本身的几何特性寻找解决的方法，通过适当的方法来简化场景的复杂度，从而降低大场景流域模型的数据量。细节层次技术是一种符合人类视觉特性的技术。众所周知，当场景中的地物模型距离观察者比较远的时候，经过观察、投影变换后，在屏幕上只有几个像素甚至是一个像素。因此，没有必要浪费计算机有限的存储空间，为该地物模型绘制全部细节，可以把一些三角形按照一定的原则进行适当的合并而不损失大场景的视觉效果。通常为同一个物体建立几个不同细节层次的模型，当距离较近观察地物模型时使用精度最高的细节层次模型，当距离较远观察地物模型时使用精度最低的细节层次模型。

多分辨率大场景地形模型的多分辨率层次细节表示都包括一个输入模型表面的近似序列，每个序列都表示某一分辨率层级的模型近似。用公式表示为

$$M^0 \to^{\phi^0} \to M^1 \to^{\phi^1} \to M^2 \to^{\phi^2} \to \cdots \to^{\phi^{k-1}} \to M^k \tag{4-12}$$

其中 M^0 为输入模型，ϕ^i 为近似操作，则 $M^i = \{M^0, (\phi^0, \cdots, \phi^{i-1})\}$ 表示一多分辨率模型。不同分辨率的近似模型通过一个层次结构（图或树）来表示，层次结构的节点表示多分辨模型的近似局部性状。层次结构的有向弧段表示节点之间的模型局部近似关系。目前，多分辨率模型的层次结构表示有两种不同方法：面层次模型和顶点层次模型[46]。多分辨率近似模型的表面由顶点、边和面组成，因此面层次结构和顶点层次结构都可以归结为多分辨率模型表面表示的不同方法。面层次结构是将拓扑结构保留的算法扩展到凸多边形网格简化中的，连续的多分辨率模型近似表示的序列是对模型的局部区域重新进行多边形剖分来实现的。顶点层次结构的基本思想是，基于模型的近似简化都是基于顶点的增加和删减操作，近似误差的估计也是基于顶点定义。

通过对已有 LOD 简化算法的研究分析，具有较高的简化效率并保持模型的拓扑结构和几何特征的算法，是基于三角形顶点删除算法的多分辨率模型生成方法，其中 Schroeder 提出的三角形网格删减算法是较好的网格简化算法。基于此算法生成多分辨模型的步骤为：

1）根据三角形网格中每个给定顶点的局部几何和拓扑特征，对顶点进行分类。可应用 Schroeder 的顶点识别和去除判断条件，按其对顶点的分类，除了特殊顶点（以其为端点的边没有被两个三角形所共享，或者该顶点被一个没有在三角形环中的三角形使用）不能被删除外，其余顶点都可以删除。

2）如果点到平均平面的距离小于给定的误差值，就删除该顶点。求顶点的删除条件值的方法为：对于简单顶点（正好被一个完整的三角形环所包围，每一个以该顶点为端点的边被两个三角形所共享），将其与一个平均平面的距离作为删除条件。平均平面的构

造方法为：

$$N = \frac{\sum n_i A_i}{\sum A_i}, n = \frac{N}{|N|}, x = \frac{\sum x_i A_i}{A_i} \tag{4-13}$$

其中 n_i、A_i、x_i 分别为顶点周围第 i 个三角形所在平面的单位法向量、面积和平均平面的中心点坐标。定点 v 到平均平面的距离为 $d = |n_i(v-x)|$。如果距离小于某个预先设定值，则该定点被删除。对于在三角形网格边界上的顶点，以其到某一直线的距离 d 作为删除条件，这一直线是通过连接两个产生边界的顶点所形成的[47]。

3）对删除顶点后留下的空洞重新进行三角化。三角化过程可以根据不同的情况采用两种不同的方法：对于空洞区域为凸多边形的，可以采取再次狄洛尼三角化，以保持规范的网格形状。而空洞区域为凹多边形的则可采用文献［47～50］提出的局部三角化算法。

4）循环上述操作，直到三角形网格中无满足上述条件的点为止。

上述方法具有较高的简化效率，能很好地保持拓扑结构，简化模型的顶点为原始模型顶点的子集。由于算法采用局部近似误差度量，在多次迭代后会产生误差积累，影响简化模型的质量。

此外，顶点去除的标准除了使用上面的点到平均平面的距离外，还可以使用文献［44，45］中的顶点曲率作为简化标准。设简单顶点 Q，n 为 Q 点的平均平面的法向量，P_1，P_2，$\cdots$，P_k 为 Q 点周围的顶点环中的所有顶点，X_i 为从 Q 点到 P_i 点的向量（$i = 1$，2，$\cdots$，k），θ_i 为 n 与 X_i 的夹角，则 Q 点的曲率 C 的计算式为：

$$C = \frac{1}{\tan\frac{\theta}{2}} = \frac{1}{\left| \tan\frac{\sum\limits_{i=1}^{k}\frac{\theta_i}{2}}{k} \right|} \tag{4-14}$$

第三节　确定大场景格网数据处理方案

与 TIN 结构相比，规则格网结构要简单得多，且在实际生产中 DEM 往往使用规则格网表达。常见的是基于点阵的栅格表达方式，一般使用位图格式进行存储。基于规则格网方法的算法比较简单，可视化过程中实时计算量小，对计算机硬件平台要求较低，适用于普通微机。另外，由于格网数据为典型的栅格结构，即规则间隔的正方形网格点阵列，格网数据结构在进行 DEM 数据的分割时较容易完成，所以只需给出分割的起始点坐标、分割方向和尺寸要求（通常以行、列网格数的方式给出）即可。虽然理论上可以将地形原始数据进行任意大小的分割，实际上需考虑应用平台的软硬件配置。如果构建流域地形模型的精度较低，流域地形发生局部变形，就不能够真实地表现流域地形的真实景观；如果增加流域地形的数据精度，但是可能带来频繁的数据调度，浪费不必要的计算机资源。

在计算机中栅格数据的排列方式是按照图 4-9 进行分布的，其中 X 方向表示列，Y 方向表示行，表达方式为：（列、行）＝（列栅格数、行栅格数）。

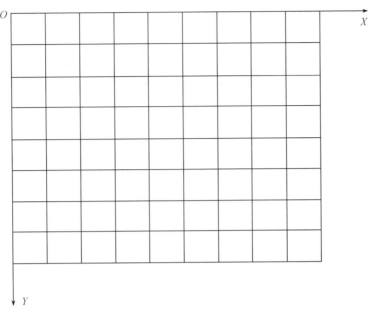

图 4-9　栅格数据分布示意图

本文研究所用到的栅格数据为某水库流域地形 DEM 数据，该水库具体形状和位置如图 4-10 所示。其中图的下方为水库的上游，上方为水库的下游。

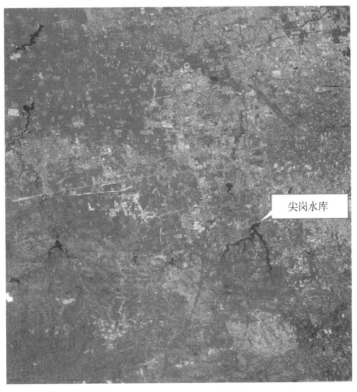

尖岗水库

图 4-10　水库位置示意图

水库流域地形 DEM 栅格数据为表 4-1 中数据时，所绘制的流域三维地形如图 4-11 所示。

表 4-1　水库流域地形 DEM 栅格数据（一）

DEM 属性	DEM 属性值
列和行	2905 5538
栅格尺寸（X Y）	5 5
文件未压缩所占用空间大小	61. 37 MB
DEM 格式	GRID
空间参考坐标	Krasovsky_ 1940_ Transverse_ Mercator
单位	m

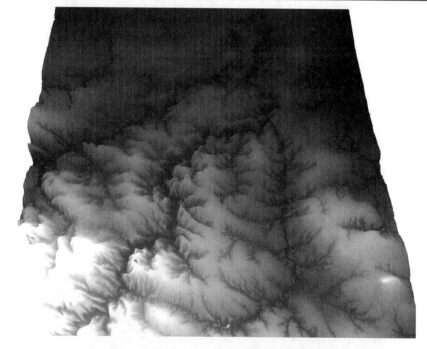

图 4-11　分辨率为 5m×5m 的水库三维模型

水库流域地形 DEM 栅格数据为表 4-2 中数据时，所绘制的流域三维地形如图 4-12 所示。

表 4-2　水库流域地形 DEM 栅格数据（二）

DEM 属性	DEM 属性值
列和行	1453 2769
栅格尺寸（X Y）	10 10
文件未压缩所占用空间大小	15. 35 MB
DEM 格式	GRID
空间参考坐标	Krasovsky_ 1940_ Transverse_ Mercator
单位	m

图 4-12　分辨率为 10m × 10m 的水库三维模型

水库流域地形 DEM 栅格数据为表 4-3 中数据时，所绘制的流域三维地形如图 4-13 所示。

表 4-3　水库流域地形 DEM 栅格数据（三）

DEM 属性	DEM 属性值
列和行	727 1385
栅格尺寸（X Y）	20 20
文件未压缩所占用空间大小	3.84 MB
DEM 格式	GRID
空间参考坐标	Krasovsky_ 1940_ Transverse_ Mercator
单位	m

水库流域地形 DEM 栅格数据为表 4-4 中数据时，所绘制的流域三维地形如图 4-14 所示。

表 4-4　水库流域地形 DEM 栅格数据（四）

DEM 属性	DEM 属性值
列和行	291 554
栅格尺寸（X Y）	50 50
文件未压缩所占用空间大小	629.74 kB
DEM 格式	GRID
空间参考坐标	Krasovsky_ 1940_ Transverse_ Mercator
单位	m

图 4-13　分辨率为 20m×20m 的水库三维模型

图 4-14　分辨率为 50m×50m 的水库三维模型

水库流域地形 DEM 栅格数据为表4-5 中数据时，所绘制的流域三维地形如图4-15 所示。

表4-5　水库流域地形 DEM 栅格数据（五）

DEM 属性	DEM 属性值
列和行	146 277
栅格尺寸（X Y）	100 100
文件未压缩所占用空间大小	157. 98 kB
DEM 格式	GRID
空间参考坐标	Krasovsky_ 1940_ Transverse_ Mercator
单位	m

图4-15　分辨率为 100m×100m 的水库三维模型

水库流域地形 DEM 栅格数据为表4-6 中数据时，所绘制的流域三维地形如图4-16 所示。

表4-6　水库流域地形 DEM 栅格数据（六）

DEM 属性	DEM 属性值
列和行	29 55
栅格尺寸（X Y）	500 500
文件未压缩所占用空间大小	6. 23 kB
DEM 格式	GRID
空间参考坐标	Krasovsky_ 1940_ Transverse_ Mercator
单位	m

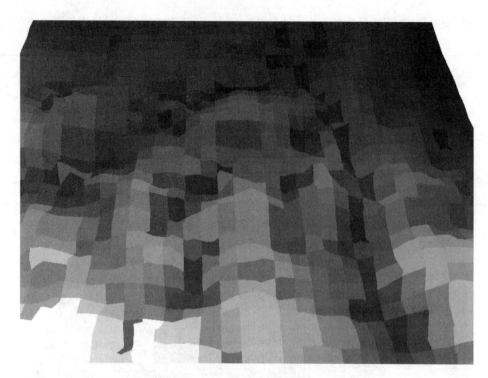

图 4-16　分辨率为 500m×500m 的水库三维模型

通过表 4-1、表 4-2、表 4-3、表 4-4、表 4-5、表 4-6 和图 4-11、图 4-12、图 4-13、图 4-14、图 4-15、图 4-16 的比较可知，当水库流域地形数据分辨率逐渐减小时，流域地形数据所占空间越来越小，计算机绘制水库流域三维模型的速度越来越快，而所绘制的水库流域三维模型的精度也逐渐降低。

综上所述，应用以上方法精简水库流域 DEM 地形数据时具有如下特点：①对流域 DEM 地形数据的栅格进行精简时，是针对所有的流域所有 DEM 地形数据而进行的；②可以根据计算机的性能和实际运行条件任意选择栅格的大小，但是相应的高程数据没有发生变化；③精简栅格数据时不仅对流域地形的非重要区域进行了精简，而且对流域的重要区域同样也进行了相同程度的精简，这是该方法不足之处，也是本文对该方法进行改进的地方。改进的方法描述为：在精简水库流域 DEM 地形数据时，对水库流域 DEM 地形数据的非重要区域进行大比例的精简；而对流域重要的区域进行小比例的精简，既对模型进行了精简，又保证了流域重要区域分辨率精度。

第四节　实时动态格网层次处理技术

对于规则格网数据，由于该结构易于处理，另一方面现有 DEM 数据大多采用规则格网结构，因此在处理大数据集进行实时漫游时，使用规则格网表达的 DEM 数据。DEM 的规则格网存储结构是一个二维点阵，由于其高度与宽度已知，因此可以用一个一维数组 $p[n]$ 进行管理。设原点的平面位置为 $o(0,0)$，DEM 的长度与宽度分别为 s，t，则任意

一点 (i,j) 的高程值为 $p[i \times t + j]$。规则格网的这种简明结构，事实上已经对 DEM 数据进行了较好的组织。因此，只需将格网数据读入到内存中，而无需使用其他任何结构进行管理，直接对读入的 DEM 数据块进行 LOD 层次划分。

按照 LOD 的思想，远视点地形区域的绘制无需使用与近视点相同的精度，因此为了加快可视化速度，按视点距离对规则格网进行 LOD 分层是一种直观简明的方法，如图4-17所示。设 e 为观察视点位置，α 为观察视角，β 为观察视线与垂直方向的夹角，p 为 DEM 上的视点中心，则在虚线圆（用户当前浏览区域）所在的区域内需要较高精度的 LOD 层次。为了计算上的方便，用该圆的外切正方形代替该圆，则不同 LOD 层次为大小不同的嵌套正方形区域。经过上述方法对当前用户浏览区域简

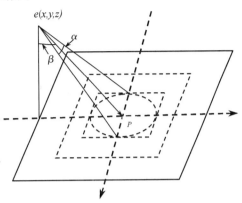

图 4-17 观察视点及划分 LOD 层次

化后，可以很方便地得到任一时刻、任一视点位置的 LOD 层次划分（有鉴于该 LOD 划分过程是实时进行的，尽管 LOD 层次的表达是相对固定的，但仍称其为实时分层算法）。图 4-18 显示了 LOD 层次的分块循环计算原理，任一层次的 LOD 区域可以看成由 8 块小的区域组成，这样可以利用一个循环过程，对任一 LOD 层次的大小利用式 $D = m \times 2n$ 求取，其中 m 为视点中心所在 LOD 第一层次的大小，其值随观察点到视点中心的距离变化而变化。

规则格网数据通常是由平面散点通过插值得到的，一般情况下存在着数据冗余，即相邻格网点高程一般比较接近。在这里用间隔采样的方式精简 LOD 层次的绘制数据，对视点中心 p 周围的第一个正方形区域（即 LOD 的第一层次，用户浏览中心区域），在原 DEM 点阵数据的基础上，每两点取一点进行可视化表达，对 LOD 的第二层次则每 4 点取一点进行表达，由此对任一层次 n 的采样间隔为 $2^n (n = 1,2,3,\cdots)$。

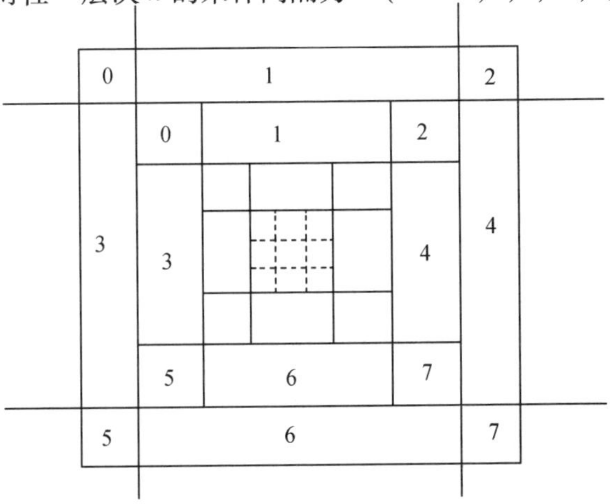

图 4-18 划分 LOD 层次示意图

95

对原始水库流域 DEM 地形数据按 $m \times 2^n$ 划分，则可求得实时绘制的格网总数为：

$$tm = \left(\frac{2m}{2}\right)^2 + \sum \left\{ 4 \times \left[\left(m \times \frac{2^{n-1}}{2^n}\right)^2 + \left(2m + \sum m \times 2^{n-1}\right) \times m \times \frac{2^{n-1}}{2^n} \right] \right\}$$

$$= m^2 + m^2 \sum (3 + 2^{n+1})$$

$$= (3n + 2^{n+2}) m^2 \tag{4-15}$$

原始 DEM 的网格大小为：

$$\left[2 \times (m + \cdots + 2^{n-1}m) \right] \times \left[2 \times (m + \cdots + 2^{n-1}m) \right] = (2^{n+1} - 2)^2 m^2 \tag{4-16}$$

如果取 $m = 32, n = 4$，则实时绘制的网格数为：

$$(3 \times 4 + 2^{4+2}) \times 32^2 = (12 + 2^6) \times 1024 = 76 \times 1024 = 77824$$

在当前绘制状况下 DEM 网格数的大小为：

$$(2^{4+1} - 2)^2 \times 32^2 = 30^2 \times 1024 = 900 \times 1024 = 921600$$

在绘制过程中精简的网格数为：

$$921600 - 77824 = 843776$$

在绘制过程中精简网格数的比例为：

$$\frac{843776}{921600} \times 100\% \approx 0.915556 \times 100\% = 91.5556\%$$

第五节 实 验

采用水库的 DEM 地形数据（图 4-19）进行实验，数据大小为 61.37 MB，采样间隔取 $2^n (n = 1,2,3,4,\cdots)$，计算机运行环境为：Windows XP，Xeon（TM）CPU 3.0GHz，2.0G 内存的 DELL Workstation 670，NVIDIA Quadro FX 3400 显示卡，the Microsoft Visual Studio 2005，OpenGL 2.0。最终应用实时动态层次格网处理技术绘制的水库三维模型，如图 4-20 所示。

综上所述，得出如下结论：

从多分辨水库流域三维模型中，可以清楚地看到应用实时动态格网层次处理技术进行 LOD 层次划分的实际效果，即在水库区域（地形高程较大部分或者重要区域）进行了较为细致的划分，在地势平坦地区（不甚重要区域）进行了较为粗略的划分。既保证了水库流域重要区域的精度，又保证了对流域不甚重要区域的网格数据进行了最大程度的精简，加快了计算机绘制水库流域三维模型的速度。

图 4-19　水库 DEM

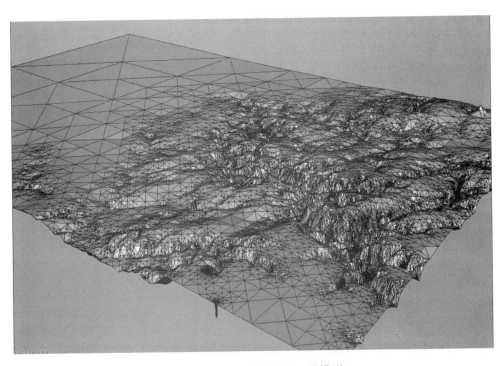

图 4-20　多分辨水库流域三维模型

第六节　构建大场景地形模型

在原始 DEM 地形数据构建水库三维地形模型完成后，即可进行水库流域地物模型的构建，进而构建水库流域大场景模型，具体技术路线如图 4-21 和图 4-22 所示。

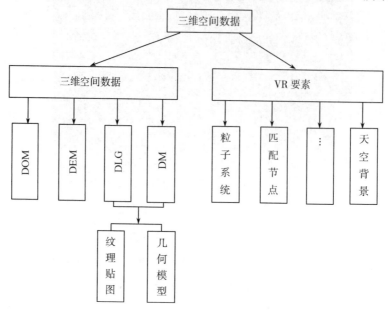

图 4-21　三维空间数据组成

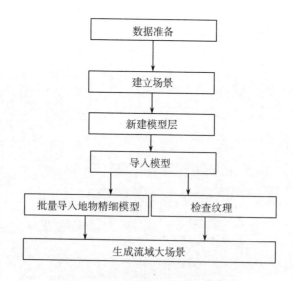

图 4-22　生成流域大场景技术路线

根据实际测量得到的流域地物空间数据进行地物模型的构建和纹理的配置。在构建地物模型的过程中，首先应该确定各个地物模型的经纬度坐标和统一坐标参考系统，以便和地形模型的经纬度坐标进行精确的配准。当地物模型构建完成后，以三维模型数据形式输入到地形模型中，进行位置配准。最后对环境和附属物进行合理的配置和调整。

第七节 小　结

本章详细分析了流域多分辨率地形模型的研究状况，并就所应用的技术方法进行了深入地研究和探讨，其中重点研究了实时动态格网层次处理技术，并和其他方法进行了比较，实验结果证明，该方法对 DEM 地形数据进行精简的条件下，不仅保证了流域重要区域的精度，而且对次重要区域进行了大比例精简，满足了三维场景可视化的要求。最后，阐明了地物模型构建的技术路线。

第五章　流域遥感影像融合处理

第一节　遥感影像融合的基本概念

图像融合是20世纪70年代后期提出的新概念，它是通过使用先进的图像处理技术融合多源影像的一种工具，目的是通过对互不相同的或辅助性信息的优化，突出有用的专题信息，消除或抑制无关的信息，改善目标识别的图像环境，从而增加图像的可靠性、减少模糊性（即多义性、不完全性、不确定性和误差）、改善分类、扩大应用范围和效果。图像融合技术从80年代至今，已经历了几十年的时间，在自动目标识别、计算机视觉、遥感、机器人、自动小车、复杂智能制造系统、医学图像处理以及军事应用等领域有着广泛的应用潜力，尤其是在遥感与医学领域的应用研究较多。在遥感方面的应用，如地球科学方面的土地使用、变化检测、地图更新等；防御系统方面的检测、识别、目标跟踪等。

遥感领域图像融合技术的发展是适应遥感技术的发展而发展起来的。图像融合技术的发展包括从成像的角度，正由多光谱摄影技术向热红外成像技术和微波遥感技术发展；从分辨率的角度，正在从全色、多光谱、高光谱向超光谱发展；从应用的角度，正在由定性向定量、静态向动态方向发展。现代遥感技术的发展使得获取同一地区的多种遥感影像数据（多时相、多光谱、多传感器、多平台和多分辨率等）越来越多。与单源遥感影像数据相比，多源遥感影像数据所提供的信息具有冗余性、互补性和合作性。多源遥感影像数据的冗余性表示它们对环境或目标的表示、描述或解译结果相同；互补性是指信息来自不同的自由度且相互独立；合作性是不同传感器在观测和处理信息时对其他信息存在依赖关系。

第二节　遥感影像基本融合技术

遥感影像融合是将两个或者两个以上的传感器，在同一时间或不同时间获取的关于某个具体场景的遥感影像或者遥感影像序列信息加以综合，以生成一个新的有关此场景的解释，而这个解释是从单一传感器获取的遥感影像信息中无法得到的。

一、遥感影像融合的目的

遥感影像融合的主要目的是降低遥感影像信息的不确定因素，通过对多幅遥感影像间冗余数据的处理来提高遥感影像的可读性，通过对多幅遥感影像间互补信息的处理来提高遥感影像的清晰度。遥感影像融合示意图如图5-1所示。

遥感影像融合相对于单一遥感影像来说，可在较短的时间内，用较小的代价，获得较多的目标信息。其特点为：①信息冗余性，仪器对同一场景中目标信息的置信度可能各不相同，融合可提高整体对目标认识的置信度，且在传感器损坏时，可提高系统的鲁棒性；

②信息的互补性，影像融合从多个仪器所获得的互补性信息可使系统获取单一仪器所无法得到的遥感影像特征；③高性价比，随着仪器数量的增多，系统成本的增加小于系统得到的信息量增加。

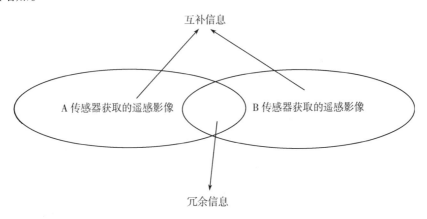

图 5-1 遥感影像融合

二、遥感影像融合的过程

遥感影像信息融合过程一般可以概括为三个层次：预处理、信息融合和应用层，如图5-2 所示。预处理主要是对输入的遥感影像进行几何校正，去噪及坐标配准。在预处理过程中，遥感影像配准的目的是消除遥感影像在时间、空间、相位和分辨率等方面的差异。遥感影像配准可分为基于灰度匹配的方法和基于特征匹配的方法两大类。基于灰度匹配主要用空间域或频率域的一维或二维滑动模板进行图像匹配，不同算法的主要区别体现在模

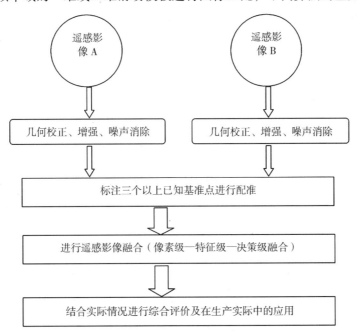

图 5-2 遥感影像融合流程

板及相关准则的选取方面；基于特征匹配是通过在原始遥感影像中提取点、线、面等显著特征作为配准单元，进而用于特征匹配。对于非特征像素点，则通过线性或分形等非线性插值方法进行像素级匹配。总的来说，前者运算量大，但结果更准确。

三、遥感影像融合的分级

遥感影像融合分为像素级融合、特征级融合和决策级融合三个级别[59]。通过信息融合可减少被感知对象中可能存在的多义性、不完全性或不确定性，从而提高影像分割、识别及解译的能力，并用于不同的应用领域。遥感影像融合结果在生产实际应用中是一个非常复杂的过程，需要结合实际应用领域的地理条件并建立特定应用领域的专用遥感影像库、特征库和目标库，才能在实际生产中进行有效的评价和应用。

（一）像素级遥感影像融合

像素级图像融合是属于底层的图像融合，优点在于它尽可能多地保留了影像的原始信息。通过对多幅遥感影像进行融合，可以增加遥感影像中像素级的信息，具有其他两种层次图像融合，即特征级融合和决策级融合所不具有的细节信息。参加融合的源遥感影像可能来自多个不同类型的遥感影像传感器，也可能来自单一遥感影像传感器。对于单一遥感影像传感器提供的遥感影像可能来源于不同观测时间或空间视角。

（二）特征级遥感影像融合

特征级遥感影像融合是从遥感影像的原始信息中提取的特征信息增加从遥感影像中提取特征信息的可能性，而且还可能获取一些有用的复合特征。在特征级遥感影像融合中，遥感影像配准的要求不象像素级那样严格，因此各遥感影像传感器可以分布在不同的平台上。特征级的遥感影像融合可以增加特征检测的精度，利用融合后获得的复合特征可以提高检测性能。

（三）决策级的遥感影像融合

决策级的遥感影像融合是在信息表示的最高层次上进行的融合处理。在处理前，先对各个遥感影像进行预处理、特征提取、识别或判决，以获得对同一目标的初步判决和结论，然后对来自各传感器的决策进行相关配准处理，最后进行决策级的融合处理。决策级融合是直接针对具体的决策目标，充分利用了来自各遥感影像的初步决策。

第三节　遥感影像配准原理

一、图像配准数学描述

如果将图像表示为一个二维序列，用 $I_1(x, y)$、$I_2(x, y)$ 分别表示将要配准图像和参考图像在点 (x, y) 处的灰度值，那么图像 I_1、I_2 的配准关系可表示为：

$$I_2(x, y) = g\{I_1[f(x, y)]\} \qquad (5-1)$$

式中：f 为二维空间几何变换函数；g 为一维的灰度变换函数。

配准的目的是为了确定最佳的空间变换关系 f 与灰度变换关系 g，使两幅图像在考虑畸变的前提下能够实现理想匹配。通常情况下灰度变换关系的求解并非必需，所以寻找空间几何变换关系 $f(x, y)$ 便成为配准的关键所在。

二、空间变换模型

空间几何变换函数 f 可用空间变换模型描述，是所有影像配准所必须考虑的。常用的方法有全局变换法，即将两幅图像之间的空间对应关系用同一个函数表示。当全局变换形式不能满足要求时，应用局部变换形式。采用这种方式时，两幅图像中不同部分的空间对应关系采用不同的函数来进行表达，适用于在图像中存在非刚性形变的情况，例如医学图像的配准。不管是全局还是局部变换，常用的空间变换模型主要有刚体变换、仿射变换、投影变换等[61]。

（一）刚体变换模型

刚体变换是平移、旋转与缩放的组合。适用于配准具有相同视角，而拍摄位置不同的来自同一传感器的两幅影像。刚体变换模型条件下，若顶点 (x, y), (x', y') 分别为待配准图像和原始图像中对应的两点，则它们之间满足的关系式为：

$$\begin{pmatrix} x' \\ y' \end{pmatrix} = s \begin{pmatrix} \cos\theta & -\sin\theta \\ \sin\theta & \cos\theta \end{pmatrix} \begin{pmatrix} x \\ y \end{pmatrix} + \begin{pmatrix} t_x \\ t_y \end{pmatrix} \tag{5-2}$$

经过刚体变换，图像上的物体形状和大小保持不变。

（二）仿射变换模型

仿射变换是配准中常用的一类转换模型。当场景与传感器间的距离较大时，被拍摄的图像可认为满足仿射变换模型。仿射变换数学描述为：

$$\begin{pmatrix} x' \\ y' \end{pmatrix} = \begin{pmatrix} a_{00} & a_{01} \\ a_{10} & a_{11} \end{pmatrix} \begin{pmatrix} x \\ y \end{pmatrix} + \begin{pmatrix} t_x \\ t_y \end{pmatrix} \tag{5-3}$$

可用矩阵形式表示为：

$$X' = AX + t \tag{5-4}$$

其中 $X' = (x', y')^T$, $A = \begin{pmatrix} a_{00} & a_{01} \\ a_{10} & a_{11} \end{pmatrix}$, $X = (x, y)^T$, $t = (t_x, t_y)^T$。仿射变换具有平行线转换成平行线和有限点映射到有限点的一般特性。

（三）投影变换模型

投影变换模型适用于被拍摄的场景是平面的情形。当传感器距离被拍摄场景较远时，可以将被拍摄场景近似看作一个平面。这时，可用仿射变换模型来近似投影变换模型。投影变换的数学描述为：

$$\begin{cases} x' = \dfrac{a_3 x + a_5 y + a_1}{-a_7 x - a_8 y + 1} \\ y' = \dfrac{a_4 x + a_6 y + a_2}{-a_7 x - a_8 y + 1} \end{cases} \tag{5-5}$$

a_i ($i = 1, 2, 3, 4, 5, 6, 7, 8$) 为摄像参数。

三、基于灰度的图像配准方法

该类方法利用整幅图像的灰度度量两幅图像之间的相似性。然后，采用搜索方法寻找使相似性度量最大或最小值点，从而确定两幅图像之间的变换模型参数。对于一幅大小为 $M \times N$ 的图像 I 和一个大小为 $m \times n$ 的模板 T（$M > m$，$N > n$），归一化的二维相关函数表示了每一个位移 (u, v) 位置的相似程度

$$C(u,v) = \frac{\sum\limits_{x=1}^{m} \sum\limits_{y=1}^{n} T(x,y) I(x-u, y-v)}{\left[\sum\limits_{x=1}^{m} \sum\limits_{y=1}^{n} T^2(x,y) \sum\limits_{x=1}^{m} \sum\limits_{y=1}^{n} I^2(x-u, y-v) \right]^{\frac{1}{2}}} \tag{5-6}$$

$1 \leqslant u \leqslant M - m, 1 \leqslant u \leqslant N$。

如果模板能够和图像在某点匹配，除了一个灰度比例因子，在正好匹配的 (i, j) 应当出现在交叉相关的峰值处。

另一个类似的常用度量方法为去均值相关系数法，表达式为：

$$Corr(u,v) = \frac{\text{cov}(u,v)}{\sigma_I \sigma_T} = \frac{\sum\limits_{x=1}^{m} \sum\limits_{y=1}^{n} \left[T(x,y) - u_T \right] \left[I(x-u, y-v) - u_I \right]}{\left\{ \sum\limits_{x=1}^{m} \sum\limits_{y=1}^{n} \left[T(x,y) - u_T \right]^2 \sum\limits_{x=1}^{m} \sum\limits_{y=1}^{n} \left[I(x-u, y-v) - u_I \right]^2 \right\}^{\frac{1}{2}}} \tag{5-7}$$

式中：$1 \leqslant u \leqslant M - m, 1 \leqslant u \leqslant N$；$u_T$、$\sigma_T$ 分别为模板 T 的均值与标准差；u_I、σ_I 分别为图像 I 的均值与标准差[62]。

另一种非常类似的准则称为平方和误差。对于图像 I 和模板 T 来说，整合平方误差可以写为：

$$D(u,v) = \sum\limits_{x=1}^{m} \sum\limits_{y=1}^{n} \left[T(x,y) - I(x-u, y-v) \right]^{\frac{1}{2}} \tag{5-8}$$

第四节　遥感影像融合基本算法

在多分辨率分析技术如金字塔技术被引入到图像融合领域之前，已有多种融合算法被提出，并得到了广泛的应用。其中最常用的四种图像融合算法为：加权平均（Weighted Average）融合法、主成分 PCA（Principal Component Analysis）变换融合法、IHS（亮度 I，色度 H、饱和度 S）变换融合法、比值变换融合法（Brovey Transform）[63]。在本节中将对这四种遥感影像融合算法进行详细地分析，剖析各种方法的优势和局限性，并在此基础上提出基于边缘信息检测的 IHS 变换融合方法。

一、加权平均融合

以两幅源图像的融合过程为例来说明加权平均融合的过程和方法，多个源图像融合的情形可以依此类推。假设参加融合的两幅图像分别为 A、B，图像大小为 $M \times N$，经融合

后得到的融合结果图像为 F ，那么，对 A、B 两个源图像的像素灰度值加权平均融合过程可以表示为：

$$F(m,n) = \omega_1 A(m,n) + \omega_2 B(m,n) \tag{5-9}$$

式中：m 为图像中像素的行号，$m = 1$，2，$\cdots$，M；n 为图像中像素的列号，$n = 1$，2，$\cdots$，N；ω_1，ω_2 为加权系数，$\omega_1 + \omega_2 = 1$，若 $\omega_1 + \omega_2 = 0.5$，则为平均融合方法，权值的确定也可以通过计算两幅源图像的相关系数来确定。相关系数可以通过下式确定：

$$C(A,B) = \frac{\sum\limits_{m=1}^{M}\sum\limits_{n=1}^{N}(A-\bar{A})(B-\bar{B})}{\sqrt{\sum\limits_{m=1}^{M}\sum\limits_{n=1}^{N}(A-\bar{A})^2 \sum\limits_{m=1}^{M}\sum\limits_{n=1}^{N}(B-\bar{B})^2}} \tag{5-10}$$

式中：$C(A,B)$ 为两幅源图像的相关系数；$\bar{A}$ 为源图像 A 的灰度平均值；$\bar{B}$ 为源图像 B 的灰度平均值。融合过程的加权系数可以表达为下式：

$$\omega_1 = \frac{1}{2}(1 - |C(A,B)|), \omega_2 = 1 - \omega_1 \tag{5-11}$$

加权平均融合方法的特点在于简单直观，适合实时处理，当用于多幅图像的融合处理时，可以提高融合图像的信噪比。但是，这种平均融合方法的实质是对图像像素的一种平滑处理，这种平滑处理在减少图像中噪声的同时，往往在一定程度上使图像中的边缘、轮廓变得模糊，而且当参与融合的源图像灰度差异较大时，往往会出现明显的拼接痕迹，不利于人眼识别和后续的目标识别过程。

二、主成分变换融合

主成分（PCA）变换融合是统计特征基础上的多维正交线性变换，是通过一种降维技术，把多个分量简化为少数几个综合分量的方法。主成分变换融合广泛应用于图像压缩、图像增强、图像编码、随机噪声信号的去除，以及图像旋转等各种应用。最早将主成分变换融合的思想应用到多传感器图像融合中的是 Chavez P S 等人，将陆地资源卫星（Landsat TM）多光谱与地球观测卫星系统（Spot PAN）全色图像进行融合，取得了良好的效果[63]。

（一）主成分变换融合的基本思想

主成分变换融合的基本思想是设法将原来众多具有一定相关性的分量（设为 P 个），重新组合成一组新的相互无关的综合分量来代替原来的分量。数学上的处理就是将原来 P 个分量作线性组合，作为新的分量。第一个线性组合，即第一个综合分量记为 F_1，为了使该线性组合具有唯一性，要求在所有的线性组合中 F_1 的方差最大，那么包含的信息也最多。如果第一个主成分不足以代表原来 P 个分量的信息，再考虑选取第二个主成分 F_2，并要求已有的 F_1 信息不会出现在 F_2 中，即 $\text{cov}(F_1, F_2) = 0$。依此类推，直至可以充分表达原来的信息为止。实际上，求图像向量 X 的主成分变换融合问题，就是求图像协方差矩阵 R 的特征向量问题。当对图像施加了主成分变换融合以后，由变换结果而恢复的图像将是原图像在均方根意义下的最佳逼近[64]。

（二）主成分分析步骤

1）设有 n 幅图像，每幅图像观测 P 个分量将原始数据标准化，可得：

$$X = \begin{bmatrix} x_{11} & x_{12} & \cdots & x_{1p} \\ x_{21} & x_{22} & \cdots & x_{2p} \\ \vdots & \vdots & \vdots & \vdots \\ x_{n1} & x_{n2} & \cdots & x_{np} \end{bmatrix}$$ （5-12）

2）建立变量的协方差矩阵：

$$R = (\gamma_n)_{p \cdot p}$$ （5-13）

3）求 R 的特征值 $\lambda_1 \geq \lambda_2 \geq \cdots \geq \lambda_p \geq 0$ 及相应的单位特征向量：

$$A_1 = \begin{bmatrix} a_{11} \\ a_{21} \\ \vdots \\ a_{p1} \end{bmatrix}, A_2 = \begin{bmatrix} a_{12} \\ a_{22} \\ \vdots \\ a_{p2} \end{bmatrix}, \cdots, A_p = \begin{bmatrix} a_{1p} \\ a_{2p} \\ \vdots \\ a_{pp} \end{bmatrix}$$ （5-14）

4）主成分：

$$F_i = A_{1i}X_1 + A_{2i}X_2 + \cdots + A_{pi}X_p, i = 1,2,\cdots,p$$ （5-15）

（三）基于主成分变换的图像融合算法

以 TM 与合成孔径雷达（SAR）图像融合为例，首先对 TM 多光谱图像进行主成分变换，在这里没有采用 TM 波段间的协方差矩阵，而是由相关矩阵求特征值和特征向量，然后求得各主成分。用相关矩阵求特征值和特征向量，主要是由于相关矩阵中各波段的方差都归一化，从而使各波段具有不同等的重要性。若由协方差矩阵求特征值和特征向量，由于 TM 各波段图像的方差不同，则导致各波段重要程度不一致。实验结果表明，对相关矩阵进行主成分变换后融合的效果更好。

采用主成分变换法融合的具体步骤如下：

1）计算参与融合的 n 波段 TM 图像的相关矩阵。

2）由相关矩阵计算特征值 λ_i 和特征向量 $A_i(i = 1,2,\cdots,n)$。

3）将特征值 λ_i 和特征向量 A_i 按由大到小的次序排列。

4）按下式计算各主成分图像：

$$PC_k = \sum_{i=1}^{n} d_i A_{ik}$$ （5-16）

式中：k 为主成分系数（$k = 1,2,\cdots,n$）；PC_k 为第 k 主成分；i 为输入波段序数；n 为总的 TM 波段数；d_i 为 i 波段 TM 图像数据值；A_{ik} 为特征向量矩阵在 i 行、k 列的元素。经过上述主成分变换，第一主成分图像的方差最大，它包含原多光谱图像的信息量大（主要是空间信息），而原多光谱图像的光谱信息则保留在其他成分图像中（主要在第二、三主成分中）。

5）将空间配准的 SAR 图像与第一主成分图像作直方图匹配。

6）用直方图匹配后生成的 SAR 图像代替第一主成分，并将它与其余主成分作逆主成分变换就得到融合的图像。其流程如图 5-3 所示。

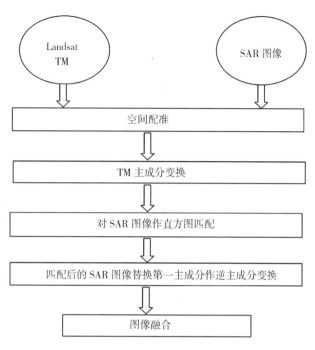

图 5-3　SAR 与 TM 图像融合流程

与 IHS 变换融合方法类似，主成分变换的融合效果也取决于替换图像与第一主成分图像的相似程度。在融合低分辨率多光谱和高分辨率全色图像的场合，由于第一主成分表示最大变化的图像，而 IHS 变换中的 I 分量表示多光谱彩色图像的平均图像，第一主成分图像比 I 分量图像含有更多的空间细节，因此与全色图像具有更相似的相关性。而在 SAR 与多光谱图像融合的场合，由于 SAR 图像与多光谱图像的相关性很低，因此，与 IHS 变换类似，用 SAR 图像直接替换第一主成分往往不能得到较好的效果。主成分变换融合是基于统计和数值方法的变换，不像 IHS 变换那样受限于融合波段的数目。但是，这种方法在图像融合应用的过程中运算时间较长。

三、IHS 变换融合

彩色空间模型是多种多样的，其中应用最广泛的是 RGB（红绿蓝）模型，IHS 模型是另外一种彩色模型，它是基于视觉原理的一个系统，定义了三个互不相关，容易预测的颜色心理属性，即亮度 I、色度 H 和饱和度 S。其中，I 是光作用在人眼所引起的明亮程度的感觉；H 反映了彩色的类别；S 反映了彩色光所呈现彩色的深浅程度（浓度）。IHS 模型有两个特点：①I 分量与图像的彩色分量无关；②H 分量和 S 分量与人感受彩色的方式是紧密相关的。这些特点使得 IHS 模型非常适合于借助人的视觉系统来感知彩色特性的图像处理算法。IHS 变换算法主要有：球形变换、三角形变换、柱形变换等。

（一）球形变换算法

令 $M = \max\ (R,\ G,\ B)$　　$m = \min\ (R,\ G,\ B)$

107

$$r = \frac{M - R}{M - m} \quad g = \frac{M - G}{M - m} \quad b = \frac{M - B}{M - m} \tag{5-17}$$

其中 r、g、b 至少有一个为 0 或 1，则有：

（1）明度 $I = (M + m)/2$。

（2）饱和度：

当 $M = m$ 时，$S = 0$；

当 $M \neq m$ 时，$I \leqslant 0.5$，则 $S = (M - m)/(M + m)$；

当 $M \neq m$ 时，$I > 0.5$，则 $S = (M - m)/(2 - M - m)$。

（3）色度：

当 $S = 0$ 时，$H = 0$；

当 $S \neq 0$，$R = M$，则 $H = 60(2 + b - g)$，这时色度位于黄和品红之间；

当 $S \neq 0$，$G = M$，则 $H = 60(4 + r - b)$，这时色度位于青和黄色之间；

当 $S \neq 0$，$B = M$，则 $H = 60(6 + g - r)$，这时色度位于品红和青之间。

（二）三角变换算法

令 $Min = \min(R, G, B)$

$$I = \frac{1}{3}(R + G + B)$$

$$H = \frac{G - B}{3(I - B)} \qquad S = 1 - \frac{B}{I} \qquad 当 B = Min$$

$$H = \frac{B - R}{3(I - R)} \qquad S = 1 - \frac{R}{I} \qquad 当 R = Min \tag{5-18}$$

$$H = \frac{R - G}{3(I - G)} \qquad S = 1 - \frac{G}{I} \qquad 当 R = Min$$

（三）柱形变换算法

RGB 进行正变换转化为 IHS：

$$I = \frac{1}{3}(R + G + B)$$

$$H = \arccos\left\{ \frac{[(R - G) + (R - B)/2]}{\sqrt{(R - G)^2 + (R - B) \times (G - B)}} \right\} \tag{5-19}$$

$$S = 1 - \frac{3 \times \min(R, G, B)}{(R + G + B)}$$

如果 $B > G$，则 $H = 2\pi - H$。IHS 进行逆变换转化为 RGB。如果 $H \geqslant 0$，并且 $H < \frac{2\pi}{3}$，则

$$R = I\left[1 + \frac{S\cos H}{\cos(\frac{\pi}{3} - H)} \right]$$

$$B = I(1 - S)$$

$$G = 3I - B - R$$

如果 $\frac{2\pi}{3} \leqslant H < \frac{4\pi}{3}$，则

108

$$G = I\left[1 + \frac{S\cos(H - \frac{2\pi}{3})}{\cos(\pi - H)}\right]$$

$$R = I(1 - S)$$

$$B = 3I - G - R$$

如果$\frac{4\pi}{3} \leqslant H < 2\pi$，则

$$B = I\left[1 + \frac{S\cos(H - \frac{4\pi}{3})}{\cos(\frac{5\pi}{3} - H)}\right]$$

$$G = I(1 - S)$$

$$R = 3I - G - B$$

以 SAR 与 Landsat TM 多光谱真彩合成图像融合为例，基于 IHS 变换的图像融合方法的一般步骤为：

（1）将 TM 图像的 R、G、B 3 个波段进行 IHS 变换，得到 I、H、S 3 个分量。

（2）将 SAR 图像与多光谱图像经 IHS 变换后得到的亮度分量，在一定的融合规则下进行融合，得到新的亮度分量（融合分量）。

（3）用第 2 步得到的融合分量代替亮度分量图像 I，并同 H，S 分量图像进行 IHS 逆变换，最后得到融合结果图像。

在上述步骤中，第 2 步的融合规则可以选取不同的融合算法，如直接替换法、加权平均法、直方图匹配法等。其中直方图匹配法是常用的算法。在融合 SAR 图像与多光谱 TM 图像时，由于 SAR 图像的波谱特性与 TM 图像完全不同，相关性较低。所以，如果用 SAR 图像直接替换 I 分量图像，则产生的融合图像很容易扭曲原始的光谱特性，产生光谱退化现象。为了消除这种差异，在进行 I 分量替换之前，需要以 I 分量图像为参考，对 SAR 图像进行直方图匹配，使得匹配后的图像与源多光谱图像保持较高的相关性。然后用直方图匹配后得到的融合 I 分量替换多光谱图像中原来的 I 分量，再进行 IHS 逆变换，得到最终融合结果。其算法流程如图 5-4 所示。

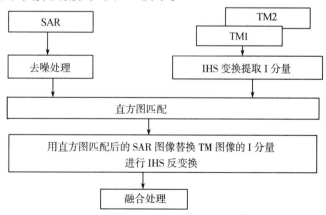

图 5-4　基于直方图匹配的 IHS 变换融合方法

基于 IHS 变换的融合算法虽然实现较为简单，但是仍然存在较大的局限性：其一，该算法要求替换 I 分量的图像与 I 分量之间有较大的相关性，但是在实际应用中，这种要求并不能得到满足，如果二者的相关性很低，那么即使在融合前进行了直方图匹配，也可能得到不好的融合效果。其二，这种算法仅适合于多光谱图像 3 个波段的处理，多于 3 个波段则无法进行。

四、比值变换融合

比值变换融合是一种比较简单的融合算法，又称为色彩标准化变换融合。它是将多光谱图像的像元空间分解为色彩和亮度成分并进行计算，与 IHS 变换相比其特点是简化了图像转化过程，又保留了多光谱数据的信息，提高了融合图像的视觉效果。与上述算法类似，比值变换融合算法比较适合于多光谱图像和全色图像的融合。比值变换融合表达式为：

$$\left.\begin{array}{l} R_{new} = R \times PAN/(R + G + B) \\ G_{new} = G \times PAN/(R + G + B) \\ B_{new} = B \times PAN/(R + G + B) \end{array}\right\} \tag{5-20}$$

式中：R、G、B 为多光谱彩色图像的 3 个波段；PAN 为全色波段。

比值变换融合的特点是只能处理 3 个波段的多光谱图像，而且这种方法对多光谱图像的辐射信息有一定程度的改变，如果以后的研究中多光谱数据的辐射信息具有较高的重要性，则不适合采用这种方法。

五、其他图像融合算法

上述的图像融合算法多用于像素级或特征级图像的融合，最终目的就是想通过融合对特征的增强来获取关于目标或区域更完整、一致的信息，或提取关于特定区域或目标的更好的特征。不过决策级图像的融合算法更多使用的是概率论、证据理论、模糊集理论、神经网络、遗传算法等[66]。

第五节   影响遥感影像融合的因素

从前面对各种融合算法的分析可知，一种融合算法是否满足我们的要求，主要是看：①算法的应用范围和稳定性；②算法将输入信息转化为输出信息的过程中，应尽可能地突出信息，且应尽量避免人为干扰；③对信息保持的程度，如对图像颜色信息的保持、光谱信息的保持、目标几何轮廓信息的保持等。在特征级与决策级的融合过程中，还要看对目标特征的提取、识别以及最终决策态势分析改进的效果。

影响遥感影像融合的因素，主要是在融合运算中，缺乏对图像特征的分析以及忽略了算法限制条件的影响，这在上面融合算法的分析中已有不同程度的说明。主要有：

（1）熵值、平均梯度、扭曲程度、相关系数、偏差指数等影响图像融合的因素。

（2）尽量避免对所有的图像区域采用同等对待的方法，融合算法的实现要尽可能地体现出图像的局部差异和对比度的差异，或者对局部差异或对比度的差异采用不同的融合算子进行强调。

（3）在提取特征时，掌握一个度的问题，比如在多光谱与全色图像的融合中，既要有效地提取高分辨率图像的细节特征，又不能过分地对此特征进行强调，否则造成光谱信息的损失比较严重，或不能够有效地体现融合图像目标的几何轮廓特征。

第六节　遥感影像融合存在的主要问题

综上所述，在探讨遥感影像融合的方法上，出现了多种解决的途径，已经取得了比较好的融合效果，然而融合的过程还存在不尽如人意之处：

（1）虽然在遥感影像融合方面出现了多种方法，不过这些方法大多是针对特定图像提出来的，使得目前图像融合的研究出现了多种模型并存、相互转化又比较困难的现状，因此如何寻找稳定性好、适用范围广的算法有待研究。

（2）目前的大部分融合算法缺乏对图像局部特征的考虑，针对特殊情况，如局部对比度差异、云层或阴影的影响，或其他因素（如 SAR 图像中的前视收缩、叠掩等）的研究较少。而替代或修补图像数据的缺陷是遥感影像融合的主要目的之一，比如多光谱影像受云层与阴影的遮挡往往比较厉害，这时为再现地物的完整信息，就可以通过不同时相影像的融合或者多光谱影像与 SAR 图像的融合来实现。

（3）通过像素级或特征级的图像融合而实现图像锐化、特征增强，或者通过特征级或决策级的图像融合达到改善分类效果的研究较多，而利用图像融合实现目标信息提取的应用较少，比如在重要区域目标动态变化监测、低质量或弱目标的检测等。

（4）图像融合方法的多样性以及新算法的不断出现，从主观上区分融合算法优劣的难度越来越大，而常规出现的客观评价方法中，对图像整体评价的效果与视觉效果的评估也出现了不同程度上的偏差。

（5）遥感影像融合前的配准与去噪也是影响融合效果的一个突出问题。

第七节　遥感图像融合质量客观评价

目前融合算法的评价方法，大致可以分为主观评价方法和客观评价方法两种。关于主观评价方法，由于不同融合方法产生的光谱失真可能会导致不可靠的判别和应用，根据图像融合前后目视判别对比作出定性评价，无疑是最简单、最直接的评价方法。但是主观性太强，较大程度依赖于评价者的经验和专业水平，存在不确定性，还需借助数学工具来定量评价不同图像融合方法的性能。客观评价方法又可以分为：与参考图像（或理想图像）有关的评价方法、不依赖于参考图像的评价方法。但是，上述评价两种方法存在以下问题：①一些评价指标间存在冗余；②某些评价指标只对某些融合效果的评价有效；③每种评价指标只能度量融合图像某一方面的特征，很少存在两个评价指标对所有融合图像的评价是完全一致的。鉴于此，要进行遥感影像融合质量好坏的评级，就需要确定融合效果的评价指标。

融合评价指标是衡量影像融合效果好坏的性能参数，这些参数可以对影像的融合效果进行量化评价。

为了对多光谱和高分辨图像的融合效果作出正确的评价，综合考虑了空间细节信息的增强与光谱信息的保持，采用以下三类统计参数：反映亮度信息的指标、反映空间细节信息的指标、反映光谱信息的指标。

一、反映亮度信息的指标

如图像灰度均值（ν），定义为：

$$\nu = \frac{1}{M \times N} \sum_{i=1}^{M} \sum_{j=1}^{N} \left[F(i,j) \right] \tag{5-21}$$

二、反映空间细节信息的指标

如标准差（σ）、均方根误差（$RMSE$）、信息熵（EN）、交叉熵（CEN）和清晰度（∇G），各指标分别定义为：

$$\sigma = \sqrt{\frac{\sum_{i=1}^{M} \sum_{j=1}^{N} \left[R(i,j) - \nu \right]^2}{MN}} \tag{5-22}$$

$$RMSE = \sqrt{\frac{\sum_{i=1}^{M} \sum_{j=1}^{N} \left[R(i,j) - F(i,j) \right]^2}{MN}} \tag{5-23}$$

$$EN = -\sum_{i=1}^{L} p_i \log_2 p_i \tag{5-24}$$

$$CEN = -\sum_{i=1}^{L} p_i \log_2 \frac{p_i}{q_i} \tag{5-25}$$

$$\nabla G = \frac{1}{MN} \sum_{i=1}^{M} \sum_{j=1}^{N} \sqrt{\frac{(\Delta I_x^2 - \Delta I_y^2)}{2}} \tag{5-26}$$

三、反映光谱信息的指标

如扭曲程度（D）、偏差指数（D_{in}）、空间频率（RF）和相关系数（C），各指标分别定义如下：

$$D = \frac{1}{MN} \sum_{i=1}^{M} \sum_{j=1}^{N} | F(i,j) - R(i,j) | \tag{5-27}$$

$$D_{in} = \frac{1}{MN} \sum_{i=1}^{M} \sum_{j=1}^{N} \frac{| F(i,j) - R(i,j) |}{R(i,j)} \tag{5-28}$$

$$RF = \sqrt{\frac{1}{MN} \sum_{i=1}^{M} \sum_{j=1}^{N} \left[F(i,j) - F(i,j-1) \right]^2} \tag{5-29}$$

$$C = \frac{\sum_{i=1}^{M} \sum_{j=1}^{N} \left\{ \left[R(i,j) - v_R \right] \times \left[F(i,j) - v_F \right] \right\}}{\sqrt{\sum_{i=1}^{M} \sum_{j=1}^{N} \left\{ \left[R(i,j) - v_R \right]^2 \right\} \sum_{i=1}^{M} \sum_{j=1}^{N} \left\{ \left[F(i,j) - v_F \right]^2 \right\}}} \tag{5-30}$$

另外，根据图像融合后噪声是否得到抑制，还有峰值信噪比（*PSNR*）和等效视数（*m*），分别定义如下：

$$PSNR = 10\lg \frac{L^2}{RMSE^2} \tag{5-31}$$

$$m = \frac{v^2}{\sigma^2} \tag{5-32}$$

式中：*R* 为源图像；*F* 为融合图像；*M*、*N* 为图像的行列数；*L* 为图像灰度级数，单色图像一般为 255；p_i 为源图像 *R* 中灰度值为 *i* 的概率密度，q_i 为融合图像 *F* 中灰度值为 *i* 的概率密度；ΔI_x、ΔI_y 分别为 *x*、*y* 方向上的一阶差分；$R(i,j)$、$F(i,j)$ 分别为融合前后同一波段相同位置对应像元的灰度值，v_R、v_F 分别为融合前后两幅图像的均值。

融合质量评价的准则是：对于同一组融合实验，若某种融合方法获得的融合图像的标准差较大、均方根误差相对较小、熵相对较大、交叉熵相对较小、清晰度相对较大、扭曲程度相对较小、偏差指数相对较小、空间频率相对较大、峰值信噪比相对较高、等效视数相对较大，则说明该融合方法的性能相对较好。而对于灰度图像，如果均值适中（灰度值 128 附近），则表明视觉效果较好。

第八节　实验与分析

实验的基本思想：在本实验中应用郑州市的 SPOT 卫星（分辨率为 10 m）和 LANDSAT 的 TM 图像（分辨率为 30 m）进行遥感影像的融合处理。首先进行常规方法的遥感影像融合处理，在对图像进行比分析的过程中，总结出常规方法融合处理的不足之处，然后应用本章提出的基于边缘信息检测的 IHS 变换融合方法进行影像的融合处理，得到郑州市的融合遥感影像见图 5-5 ~ 图 5-14 及表 5-1、表 5-2。

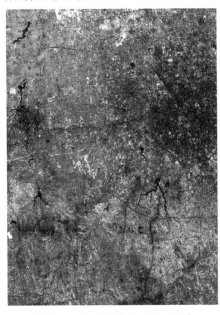

图 5-5　原始 SPOT（PAN）图像

图 5-6　原始 TM（nn70）图像

图5-7　原始尖岗水库图像〔SPOT（PAN）〕

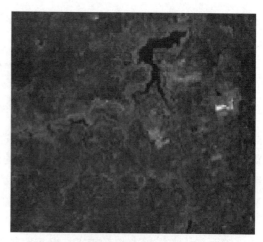

图5-8　原始尖岗水库图像〔TM（nn70）〕

图5-9　校正配准后的 SPOT（PAN）图像

图5-10　波段合成后的 TM 图像

图5-11　加权平均融合

图5-12　主成分变换融合

图 5-13　IHS 融合　　　　　　　　　　　图 5-14　比值变换融合

表 5-1　SPOT 空间分辨率参数

SPOT 波段号	SPOT 波段	SPOT 频谱范围（um）	SPOT 分辨率（m）
全色波段	PAN	0.48 ~ 0.71	10

表 5-2　TM 光谱分辨率参数

TM 波段号	TM 波段	TM 频谱范围（um）	TM 分辨率（m）
B1（蓝色波段）	Blue – Green	0.45 ~ 0.52	30
B2（绿色波段）	Green	0.52 ~ 0.60	30
B3（红波段）	Red	0.63 ~ 0.69	30
B4（近红外波段）	Near IR	0.76 ~ 0.90	30
B5（短波红外波段）	SWIR	1.55 ~ 1.75	30
B6（热红外波段）	LWIR	10.40 ~ 12.5	120
B7（短波外波段）	SWIR	2.08 ~ 2.35	30

第九节　确定遥感影像融合方案

一、基于边缘信息检测的 IHS 变换融合方法

首先对 TM 图像做 IHS 变换，分别得到亮度 I、色度 H 和饱和度 S 分量图像。其次对 SPOT 图像和 I 分量图像做边缘信息检测，在检测过程中，常用到的提取边缘的算子有罗伯特算子、索伯尔算子、拉普拉斯算子。罗伯特算子采用对角线方向相邻两像素之差近似

梯度幅值检测边缘。检测水平和垂直边缘的效果好于斜向边缘，定位精度高，对噪声敏感。索伯尔算子根据像素点上下、左右邻点灰度加权差，在边缘处达到极值这一现象检测边缘，对噪声具有平滑作用，提供较为精确的边缘方向信息，边缘定位精度不够高。当对精度要求不是很高时，是一种较为常用的边缘检测方法。拉普拉斯算子是二阶微分算子，利用边缘点处二阶导函数出现零交叉原理检测边缘，不具方向性，对灰度突变敏感，定位精度高，但是对噪声敏感，且不能获得边缘方向等信息。

本节采用罗伯特算子对图像边缘进行检测，找出边缘点和非边缘点。其边缘检测图像如图5 – 15和图5 – 16所示。

图 5-15　基于罗伯特算法的亮度分量 I 边缘检测图　　图 5-16　基于罗伯特算法的 SPOT 边缘检测图

在对 SPOT 和 I 分量图像进行边缘信息检测的基础上，在两幅图像中寻找具有明显特征的像素点进行比较，会有三种情况产生，即：

（1）该像素点是 SPOT 分量图的边缘点，而非 I 分量图的边缘点。

（2）该像素点是 I 分量图的边缘点，而非 SPOT 分量图的边缘点。

（3）该像素点既是 SPOT 分量图，也是 I 分量图的边缘点。

在对像素点的选择过程中，针对不同的情况，进行像素点的划分。经过对 100 个像素点的选择，最终是 I 分量图像中像素点有 58 个，是 SPOT 分量图的像素点有 42 个。考虑到误差的存在，取落入 I 分量图像中像素点的几率约为 60%，取落入 SPOT 分量图像中的像素点几率约为 40%。

$$I' = I \times 0.6 + SPOT \times 0.4 \tag{5-33}$$

式中：I' 为新的亮度分量；I 为原始亮度分量边缘检测图像；SPOT 为原始 SPOT 图像的边缘检测图像。

经过重新计算得到新的亮度分量图像 I' 和原始 H、S 分量图像，进行 IHS 反变换到 RGB 空间，即得到最终的融合图像。其算法流程如图 5-17，最终融合图像如图 5-18 所示。

116

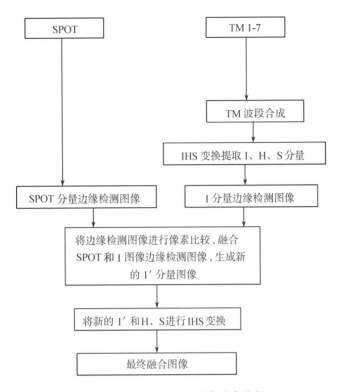

图 5-17　SPOT 和 TM 图像融合流程

图 5-18　基于边缘信息检测的 IHS 变换融合方法

二、不同图像融合方法的实验结果及分析

原始 TM 图像和原始 SPOT（PAN）图像经 5 种融合方法得到的融合图像，如图 5-11、

图 5-12、图 5-13、图 5-14 及图 5-18 所示。从主观视觉效果上看，5 种变换融合方法得到的多光谱图像比原始的图像信息丰富，各融合图像的空间分辨率和光谱信息都有了较好地改善。从图像亮度和彩色失真情况来看，5 种融合图像的色彩丰富程度及清晰度肉眼难以区分，还需结合客观评价分析进行判断。原始图像与各融合图像的 RGB3 个光谱分量统计得到的评价指标，见表 5-3 和表 5-4。

表 5-3　原始图像与各融合图像的 RGB3 个光谱分量评价指标

图　像	正向指标						
	均值	标准差	空间频率	熵	等效视数	峰值信噪比	清晰度
主成分变换	124.4861	53.4253	45.8618	3.8561	6.4968	16.5583	27.6952
乘积变换	123.4982	47.4881	38.5227	3.7806	5.6531	15.4823	18.7234
比值变换	125.5682	52.4892	51.8659	3.4983	5.6423	14.7568	24.1076
IHS 变换	123.0124	45.2673	44.5606	3.7583	5.4837	15.2375	27.6826
新方法	124.8926	53.9845	52.0719	4.05892	6.7629	16.7238	27.8951

表 5-4　原始图像与各融合图像的 RGB3 个光谱分量评价指标

图　像	反向指标				
	扭曲程度	偏差指数	交叉熵	相关系数	均方根误差
主成分变换	33.1568	0.3852	0.7953	0.7527	43.5283
乘积变换	28.0642	0.3248	0.8649	0.7816	39.5672
比值变换	34.5264	0.2854	0.90125	0.6843	47.1258
IHS 变换	32.8085	0.3015	0.8246	0.7029	44.2587
新方法	28.1643	0.2179	0.71257	0.5172	43.01256

　　从表 5-3 和表 5-4 可以看出：5 种融合方法中，反映图像亮度信息的均值，以比值变换融合方法最高，说明其融合图像视觉效果较好，有利于图像的目视解译；从标准差、信息熵、交叉熵、清晰度数据来看，新方法变换融合图像在所有的融合图像中质量最好，这说明应用基于边缘信息检测的 IHS 变换融合方法能够更好地反映图像的细节特征，这对于自动分类、信息提取等都是十分有利的；而从反映图像光谱信息的各指标来看，新方法变换融合法得到的图像的扭曲程度、偏差指数和空间频率相关系数都略小于比值变换，且高于乘积变换方法得到的图像，而峰值信噪比和等效视数却高于其他融合方法，说明新方法变换融合在降低了噪声的同时，损失了图像的一小部分光谱信息。但综合分析上述各指标，应用基于边缘信息检测的 IHS 变换融合方法得到的融合图像，其融合质量还是优于其他变换方法的。

118

第十节 小 结

本章主要阐述了传统常用的图像融合算法的原理、特点及性能。这些融合算法大都具有实现简单、融合速度快的特点。在某些特定的应用场合，这些算法有可能取得较好的融合效果；但是在某些特定的应用场合，例如：SPOT 与 TM 图像融合，这些算法却无法获得令人满意的效果，而且诸如 IHS 变换、比值变换还会受到处理图像三个波段的限制，在很多场合下阻碍了算法的应用。针对 SPOT 与 TM 图像融合的特点，在本章中提出了基于图像边缘信息检测的 IHS 变换融合方法。实验证明，该方法显著改善了融合图像中光谱信息细节特征。

第六章 多分辨率大场景模型实时交互技术

第一节 内存影射文件技术

一、引言

在对文件进行读写操作时，Win32 API 和 MFC 都提供了支持文件操作的函数和类，常用的有 Win32 API 的 CreateFile（）、WriteFile（）、ReadFile（）和 MFC 提供的 CFile 类等。一般来说，以上这些函数可以满足大多数场合的要求，即这些函数文件读取的数据量不得大于（231-1）字节，因为在 Win32 系统中，232 大小约为 4G，用户占用约 2G，中央处理器占用约 2G。但是对于某些特殊应用领域，例如几百平方公里的大场景流域模型（包括 DEM 地形数据、遥感影像数据、地物模型数据、地物模型影像数据、元数据）达到几十 GB、几百 GB、乃至几 TB 的海量存储，如果以上述类和函数的文件处理方法进行文件的处理显然是不行的，因为目前的计算机硬件配置的性能远远低于这种要求。因此，对于这种特殊的操作如果应用内存映射文件技术来进行处理则迎刃而解。由于内存映射文件技术的主要函数都提供了两个 DWORD 型参数来分别表示偏移量的低 32bits 和高 32bits，这两个参数加起来共 64 bits，如果应用这种方法来读取数据文件的时候，数据量可以达到（264-1）字节，几乎可以对任何海量数据进行处理。另外，应用内存影射文件技术可以大大提高中央处理器读取数据文件的速度。内存映射文件与逻辑内存相似，通过内存映射文件可以保留一个地址空间的区域，同时将物理存储器提交给此区域，只是内存文件映射的物理存储器来自一个已经存在于磁盘上的文件，而非系统的页文件，而且在对该文件进行操作之前必须首先对文件进行映射，就如同将整个文件从磁盘加载到内存。由上述可见，使用内存映射文件处理存储于磁盘上的文件时，将不必再对文件执行 I/O 操作，这意味着在对文件进行处理时将不必再为文件申请并分配缓存，所有的文件缓存操作均由系统直接管理，由于取消了将文件数据加载到内存、数据从内存到文件的回写以及释放内存块等步骤，因此可以大大提高计算机的运行速度。

二、内存映射文件相关函数

HANDLE CreateFile（LPCTSTR lpFileName），// 创建或打开一个文件内核对象，这个对象标识了磁盘上将要用作内存映射文件的文件，并将其句柄返回。
DWORD dwDesiredAccess，
DWORD dwShareMode，
LPSECURITY_ ATTRIBUTES lpSecurityAttributes，
DWORD dwCreationDisposition，

DWORD dwFlagsAndAttributes,

HANDLE hTemplateFile);

HANDLE CreateFileMapping（HANDLE hFile），//创建一个文件映射内核对象，通过参数 hFile 指定待映射到进程地址空间的文件句柄（该句柄由 CreateFile（）函数的返回值获取）。

LPSECURITY_ ATTRIBUTES lpFileMappingAttributes,

DWORD flProtect,

DWORD dwMaximumSizeHigh，//文件大小的高 32Bits，

DWORD dwMaximumSizeLow，//文件大小的低 32Bits，和 dwMaximumSizeHigh 组成 64 Bits 值，表示文件的长度。

LPCTSTR lpName；//文件映射对象的名字；

LPVOID MapViewOfFile（HANDLE hFileMappingObject），// 负责通过系统的管理//而将文件映射对象的全部或部分映射到进程地址空间，参数 hFileMappingObject 为 Create-FileMapping（）返回的文件映像对象句柄。

DWORD dwDesiredAccess，// 指定了对文件数据的访问方式，而且同样要与 Create-FileMapping（）函数所设置的保护属性相匹配。

DWORD dwFileOffsetHigh，//映射开始位置的高 32Bits；

DWORD dwFileOffsetLow，// 映射开始位置的低 32Bits，和 dwFileOffsetHigh 组成 64 Bits，表示文件的偏移地址。

DWORD dwNumberOfBytesToMap；//映射进程的地址空间中分配的字节数。

三、内存映射文件技术处理大场景流域模型算法实现

通过具体实例（大场景流域模型大小约4G）来详细分析内存映射文件技术的使用方法。在下列例子中从端口接收数据，并实时将其存放于磁盘。下面给出此线程处理函数的具体实现过程：

……

// 创建文件内核对象，其句柄保存于 hFile

HANDLE hFile = CreateFile（" shayinghe. zip"，

GENERIC_ WRITE ｜ GENERIC_ READ，

FILE_ SHARE_ READ，

NULL，

CREATE_ ALWAYS，

FILE_ FLAG_ SEQUENTIAL_ SCAN，

NULL）；

// 创建文件映射内核对象，句柄保存于 hFileMapping

HANDLE hFileMapping =

CreateFileMapping（hFile，NULL，PAGE_ READWRITE，

0，0x4000000，NULL）；

```
// 释放文件内核对象
CloseHandle（hFile）；
// 设定大小、偏移量等参数
____ int64 qwFileSize = 0x4000000；
____ int64 qwFileOffset = 0；
____ int64 T = 600 * sinf. dwAllocationGranularity；
DWORD dwBytesInBlock = 1000 * sinf. dwAllocationGranularity；
// 将文件数据映射到进程的地址空间
PBYTE pbFile =（PBYTE）MapViewOfFile（hFileMapping，
FILE_ MAP_ ALL_ ACCESS，
（DWORD）（qwFileOffset≫32），（DWORD）（qwFileOffset&0xFFFFFFFF），dwBytesIn-
Block）；
while（bLoop）
{
```

另外，为了加快读取数据的效率，可以应用缓存技术将调用频率最高的场景区域数据（主要局部场景及对应的影像、主要地物模型及对应的影像）直接调入到缓存中，充分利用计算机中央处理器的资源，加快大场景流域模型的绘制。

具体算法实现：应用 Getdata（）函数判断调用频率最高的数据文件是否在缓存中，如果没有则先把该数据调入到缓存中，然后再读取数据进行绘制。

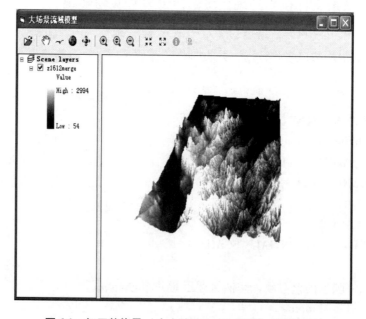

图6-1 打开整体景（大小约4G，12幅图）模型界面

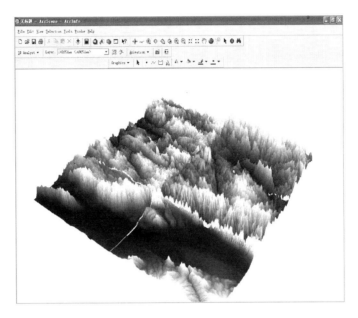

图 6-2　局部场景（大小约 2G，6 幅图）模型界面

四、结论

经过实际运行和测试，在计算机硬件配置：CPU 为 P4 3.0G，内存为 256M 的 PC 机上运行打开大小约 4G（共 12 幅图）的大场景流域模型所需要的时间约为 25s。而其他的专业地形和影像处理软件（ERDAS IMAGE 8.5 和 ArcGIS 9.0）只能打开模型文件前 2G 的数据文件，2G 后的数据文件打不开。图 1 为打开模型文件大小约 4G 文件和大小约 2G 文件的界面，其中在 ArcGIS 9.0 中打开 12 幅图中的第 7 幅图时会出现死机现象，最多打开 6 幅图。因此，内存映射文件在处理大规模模型文件时表现出了快速读取文件的优越性能，比使用 CFile 类和 ReadFile（）与 WriteFile（）等函数的文件处理具有明显的优势和效率。

第二节　缓 存 技 术

一、引言

计算机的存储器可以分为：辅助存储器、内存储器、缓冲存储器、寄存储器。这 4 种存储器中容量依次减小、运行速度依次增大，价格也由低到高。关于计算机的基本运行原理是这样的：当中央处理器（CPU）开始工作时，首先读取外存储器中的数据文件，将需要运行的数据文件调入到内存储器中供中央处理器调用。由于外存储器的磁盘片是机械式高速转动，所以远远低于电流的速度，因此外存储器的运行速度远远小于中央处理器的运行速度；而内存储器读取数据是依靠其内部电容的充放电来完成数据文件的读取，其运行速度比中央处理器的运行速度也低近 10 倍以上，由于 I/O 向主存请求的级别高于中央

123

处理器（CPU）访存，这就出现了 CPU 等待 I/O 访存的现象，致使 CPU 空等一段时间，甚至可能等待几个主存周期，从而降低了 CPU 的工作效率，极大地浪费了中央处理器的有效资源。但是，缓冲存储器运行的速度要远远高于内存储器，如果把中央处理器将要运行的数据直接调入缓冲存储器，可以极大地提高中央处理器的有效资源利用率。这里所说的是中央处理器的高速缓存，它采用一种特殊的算法，可以"预知"中央处理器下一步要运行的程序，所以它会提前把一些急需要的数据文件保存在高速缓存中，如果命中率高的话，计算机的运行速度就会很快。相对于没有缓存的中央处理器，带有缓存的中央处理器运行速度要快得多，尤其是带有 2 级缓存的中央处理器，当然由于 1 级和 2 级缓存涉及到复杂的技术，拥有 1 级和 2 级缓存的中央处理器也要昂贵的多。

二、高速缓存技术

高速缓存是一种特殊的存储器子系统，其中复制了频繁使用的数据，以利于中央处理器（CPU）快速访问。存储器的高速缓冲存储器存储了频繁访问的随机存取存储器（RAM）位置的内容及这些数据项的存储地址。当处理器引用存储器中的某地址时，高速缓冲存储器便检查是否存有该地址。如果存有该地址，则将数据返回处理器；如果没有保存该地址，则进行常规的存储器访问，此时，CPU 在访问时就会增加了 I/O 的读取次数，出现了 CPU 等待 I/O 访存的现象，浪费了 CPU 的有效资源。因为高速缓冲存储器运行速度比主 RAM 存储器速度快的多，如果应用特定的缓存技术算法把一些急需要的数据文件保存在高速缓存中，提高中央处理器引用存储器中某地址的命中率，那么就会极大地提高计算机的运行速度。

三、实时交互绘制大场景模型存在的问题

在大规模的三维流域模型场景中，为了实现实时交互的漫游功能，此功能虽为基本功能，但是系统需要根据用户视点的移动情况从后台数据库中进行动态数据调度，由于大场景流域模型数据量庞大，这样就会带来一系列的问题。如当需要的数据已经进入到视野范围内时然后再启动数据调度机制，由于数据量庞大必然会导致绘制过程的不流畅、不连贯等现象，不能够实现实时交互性的目的，因此必须要考虑如何将要读取的数据提前读入内存储器，如果将要读取的数据提前读入缓冲存储器，那么绘制的效果将会更好。如何确定哪些数据是将要运行的数据文件，这将涉及到数据的预存取问题。关于数据的预存取是根据用户视点在此前一段时间内的移动规律，提前判定下一步用户视点有可能到达的坐标位置以及在该位置的浏览方向，将要进行绘制的大场景流域模型数据文件提前读取到内存储器中，以提高大场景流域模型绘制的流畅性、连贯性；如果将要进行绘制的大场景流域模型数据文件提前读取到缓冲存储器中，则大场景流域模型绘制的流畅性和连贯性效果会更好，这也是下文将要讨论的重点问题。

由于大场景流域模型由原始数据 DEM 绘制而成，而 DEM 数据是典型的 GRID 数据，由于最小的 GRID 边长是定值，因此进行大场景流域模型数据分割的时候就非常简单了，只要确定原始坐标和 GRID 的数量即可完成分割。当完成分割后对每个 DEM 分割数据块进行排列编码，以方便日后准确确定某一个数据块的位置，以及该数据块和其他数据块之

间的位置关系，这样根据实时监测的用户视点参数和用户视点的运动规律，可以比较容易地判定将要进入用户视野的 DEM 数据块了，可以进一步应用相应的算法将已经判定的数据块读取到缓冲存储器中。

当然其中还有很多问题需要解决：如用户视点突然改变方向没有按照正常的运动规律移动等非正常现象。在此假定已经解决了大场景流域模型的预存取问题，下一步主要解决将要读取的 DEM 数据块应用相应的算法调入到缓冲存储器中，进一步提高大场景模型绘制的实时交互性。

四、算法实现

下面仅给出了主要的算法步骤。

空闲链表和散列队列链表都为全局变量：

空闲链表头指针：struct buffer * emp_ link；

散列队列链表头指针数组：struct buffer * buf_ link ［M］；

getblk（int num）：缓冲区分配算法，为所申请的块号分配缓冲区

brelse（int num）：释放缓冲区

```
int getblk（int num）//分配缓冲区算法
｛
struct buffer *p；
struct buffer *temp；
while（1）
｛
if（exist_ buf（num）＝＝1）
｛
p＝find_ buf（num）；
if（p_ ＞lock＝＝1）
｛
printf（"\n\nThe block is busy now! Please try again later. \n"）；
//print_ emp（）；
//print_ buf（）；
return 0；
｝
```

释放缓冲区算法

```
void brelse（int num）//释放缓冲区算法
｛
struct buffer *p；
p＝find_ buf（num）；
```

125

```
add_ emp (p);
p_ > lock = 0;
}
```

五、结果分析

经过实际运行和测试,在计算机硬件配置:Intel (R) Xeon (TM) CPU 3.0GHz,内存为 2.0G,显示卡为 NVIDIA QUadro FX 3400 的图形工作站(Dell Workstation 670)上运行大场景流域模型(图6-3)。由于应用了缓存技术,CPU 在读取高速缓冲存储器的数据时,命中率提高,减少了 I/O 的读取次数,加快了计算机的运行速度,经过 8 次运行测试,所需要的平均时间为 9.975s(表6-1);在系统研制过程中,如果没有应用特定的缓存技术算法,而计算机按照正常状态运行,CPU 在读取高速缓冲存储器的数据时,读取数据的命中率低,增加了 I/O 的读取次数,经过 8 次运行测试,所需要的平均时间为 16.8875s(表6-2)。两种状态下运行情况比较,在图6-4 上可以直观地显示出来,应用缓存技术的系统运行时间远远小于无缓存技术的系统运行时间。

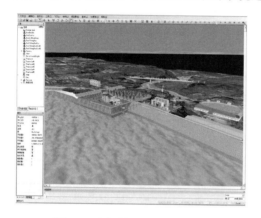

图6-3 大场景流域模型

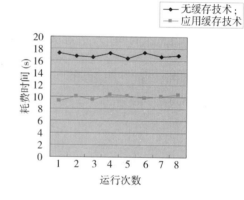

图6-4 应用缓存技术和无缓存技术运行时间比较图

表 6-1 基于缓存技术运行测试时间表 单位:s

运行次数	1	2	3	4	5	6	7	8
耗费时间	9.3	10.1	9.5	10.4	10.2	9.8	10.1	10.4
平均时间	9.975							

表 6-2 无缓存技术运行测试时间表 单位:s

运行次数	1	2	3	4	5	6	7	8
耗费时间	17.2	16.8	16.6	17.2	16.4	17.3	16.7	16.9
平均时间	16.8875							

六、结论

由以上图表数据可以得出如下结论：

（1）应用缓存技术运行大场景流域模型经过 8 次运行测试，平均耗费时间 9.975s；而没有应用缓存技术运行大场景流域模型经过 8 次运行测试，平均耗费时间 16.8875s，平均耗费时间节省约 7s，相对节约时间为：（16.8875 - 9.975）/16.8875 × 100% ≈ 40.93%。

（2）缓冲存储器的运行速度远远高于内存储器的运行速度，利用缓冲存储器的这一优点应用缓存技术可以提高计算机的运行速度。

（3）应用缓存技术将中央处理器将要运行的大场景流域模型数据文件直接读取到缓冲存储器中，极大地提高了 CPU 从缓冲存储器读取数据的命中率，充分利用了中央处理器的有效资源，提高了大场景流域模型绘制的实时交互性。

第三节　多分辨率洪水演进模型

一、引言

对于一个水利管理方面的地理信息系统而言，由于信息量庞大，用户对信息的管理手段和应用有着特殊的要求，水利管理者不仅要求系统美观实用，而且还必须能够显著地提高工作效率。洪水的可视化演进是水利地理信息系统必不可少的组成部分，可以满足用户的要求。

在本文中提出的多分辨率洪水演进模型包括粗放洪水演进模型和精细洪水演进模型。粗放洪水演进模型是指当用户较远距离的观察整个流域的洪水演进和淹没情况时，在这种宽广视野范围条件下，用户可以清晰地看到洪水在整个流域的演进和淹没状况；精细洪水演进模型是指当用户近距离观察洪水的演进状况时，能够根据实际的地理条件任意指定洪水的高度，从而可以直观地观察到洪水的演进和淹没范围情况。

二、构建粗放洪水演进模型

粗放洪水演进模型是指在大的视野范围内观察洪水的演进情况，用户可以观察到整个流域的地势高低走向状况，由于这种洪水的演进是在粗略的大范围内进行的，因此叫做粗放洪水演进模型。

粗放洪水演进模型见图 6-5。实质是用一组不同高程的洪水水平面层来表达洪水的演进，构建粗放洪水演进模型选择 ESRI 公司的 Arcscene 作为构建模型的平台。Arcscene 是 ArcGIS 三维分析的核心模块，具有管理 3DGIS 数据、进行 3D 分析、编辑 3D 要素、创建 3D 图层以及把二维数据生成 3D 要素等功能。

将几个代表洪水的图层添加到 Arcscene 中，设置不同高度的图层，并设置图层颜色为水色，形成不同高度的水层面。通过创建一系列帧组成轨迹来生成洪水的演进，通过改变场景的属性（例如场景的背景颜色、光照角度等）、图层的属性（图层的透明度、比例尺等）以及观察点的位置来创建不同的帧层，然后用创建的一组帧生成洪水的上升或者下降。

在实现要素或表面的三维可视化时，应该做到：①添加到场景的图层须具有相同的坐标系才能够正确显示；②为了更好的表达流域地势的高低起伏状态，需要进行垂直拉伸，以避免地形显示的过于陡峭或平坦；③设置合适的背景颜色包括设置不同场景光照条件，如入射方位角、入射高度角、表面阴影以及对比度，可以增加场景的真实感。

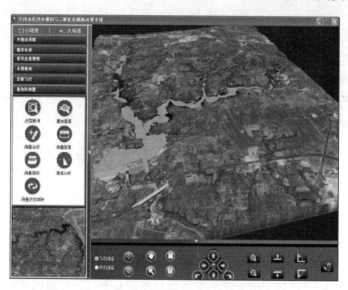

图 6-5　粗放洪水演进模型

三、构建精细洪水演进模型

构建精细洪水演进模型时主要应用 ESRI ArcGIS Engine 的 ToolbarControl 和 MapControl 两个控件。ToolbarControl 控件用于容纳各种内置和自定义工具，MapControl 用来读取由洪水高程计算洪水演进时所需的地理数据。

MapControl 控件是洪水高程计算洪水演进的核心控件，用来装载地图数据对象，相当于 ArcMap 中的数据视图。这些装入 MapControl 的地图数据对象是预先设计好的，并且可以指定为链接模式和包含模式。在链接模式下，无论何时创建 MapControl 控件，控件会自动读取从地图文档中读取最新的数据。在包含模式下，MapControl 控件将地图文档中的数据的一个副本复制到控件中，不再显示复制以后更新的地图文档的内容。把地图文档装入 MapControl 控件，可以使用 MapControl 控件的 LoadMxFile 方法。

精细洪水演进模型见图 6-6。在整个系统中以独立窗体的形式存在，当在系统的模块菜单中选择"洪水演进"模块后才会被实例化。此独立 CalForm 窗体从 System. Windows. Forms. Form 继承而来，包括两个主要对象和四个主要方法、事件。

两个主要对象分别为：MapControl 控件的实例 axMapControl1、ToolbarControl 控件的实例 axToolbarControl1。

四个主要方法和事件为：getproarea ( )、getvolume ( )、axMapControl1_ OnMouseMove ( )、axToolbarControl1_ OnMouseMove ( )[8-9]。

128

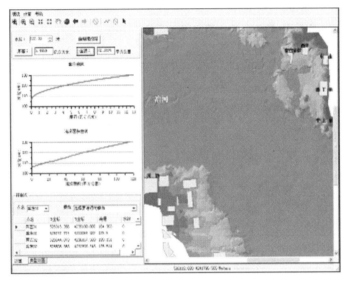

图 6-6　精细洪水演进模型

四、计算水库库容和淹没面积

在精细洪水演进模型系统中，实际水库的水位是从 106 ~ 128m 分布的，应用本系统对库容和淹没面积进行计算和常规计算方法、积分法的计算结果相比较，统计如表 6-3 及图 6-7 和表 6-4 及图 6-8。

表 6-3　库容计算结果比较

水位 (m)	常规法计算结果 (亿 m³)	积分法计算结果 (亿 m³)	本系统计算结果 (亿 m³)	比例
128	10.731	10.839	10.708	−0.72%
127	9.720	9.808	9.690	−0.77%
126	8.765	8.837	8.732	−0.80%
125	7.868	7.926	7.834	−0.80%
124	7.021	7.070	6.989	−0.80%
123	6.218	6.267	6.195	−0.77%
122	5.461	5.509	5.447	−0.70%
121	4.756	4.804	4.752	−0.58%
120	4.113	4.158	4.117	−0.45%
119	3.521	3.565	3.533	−0.28%
118	2.972	3.015	2.992	−0.08%
117	2.479	2.515	2.496	−0.02%
116	2.029	2.059	2.045	0.05%
115	1.612	1.639	1.629	0.24%
114	1.245	1.266	1.259	0.31%

129

水位 (m)	常规法计算结果 (亿 m³)	积分法计算结果 (亿 m³)	本系统计算结果 (亿 m³)	比例
113	0.927	0.944	0.939	0.42%
112	0.648	0.662	0.658	0.50%
111	0.425	0.431	0.430	0.38%
110	0.258	0.266	0.265	1.16%
109	0.135	0.138	0.137	0.53%
108	0.055	0.057	0.056	1.01%
107	0.011	0.011	0.011	-2.74%

注 "比例"列表示本系统计算结果与前面两种方法计算结果平均值的所差的百分比。

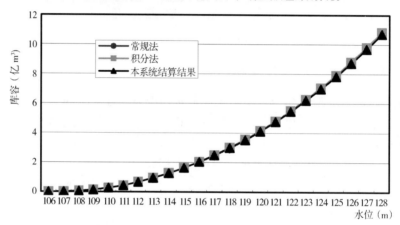

图 6-7 库容计算结果比较

表 6-4 淹没面积计算结果统计

水位 (m)	常规法计算结果 (km²)	积分法计算结果 (km²)	本系统计算结果 (km²)	比例
128	103.791	105.345	104.581	0.01%
127	98.411	99.945	98.888	-0.29%
126	92.504	93.638	92.695	-0.41%
125	86.968	87.818	86.975	-0.48%
124	82.524	82.519	81.918	-0.74%
123	78.026	77.723	77.066	-1.05%
122	73.467	73.173	72.380	-1.30%
121	67.532	67.227	66.526	-1.28%
120	61.095	61.331	60.651	-0.93%
119	57.332	56.925	56.274	-1.52%

水位 （m）	常规法计算结果 （km²）	积分法计算结果 （km²）	本系统计算结果 （km²）	比例
118	52.455	52.442	52.022	-0.82%
117	46.338	47.060	46.793	0.20%
116	43.596	43.826	43.520	-0.44%
115	39.835	39.783	39.622	-0.47%
114	33.720	34.300	34.186	0.51%
113	29.891	29.878	29.916	0.10%
112	25.853	26.092	26.004	0.12%
111	18.999	19.260	19.210	0.42%
110	14.600	14.673	14.711	0.50%
109	10.037	10.153	10.171	0.75%
108	6.200	6.238	6.270	0.81%
107	2.775	2.715	2.663	-3.07%
106	0.060	0.062	0.035	-72.30%

注　"比例"列表示本系统计算结果与前面两种方法计算结果平均值的所差的百分比。

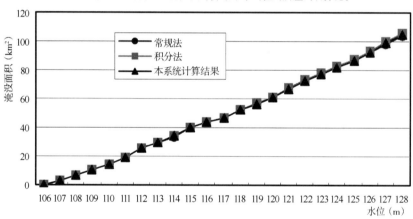

图6-8　淹没面积计算结果统计

五、系统运行测试

经过实际运行和测试，在计算机硬件配置：Intel（R）Xeon（TM）CPU 3.0GHz，内存为2.0G，显示卡为NVIDIA QUadro FX 3400的图形工作站（Dell Workstation 670）上运行多分辨率流域模型（图6-3）。由于应用了多分辨率洪水演进模型，CPU在读取高速缓冲存储器的数据时，减少了I/O的读取次数，加快了计算机的运行速度，经过8次运行测试，所需要的平均时间为9.975s（表6-1）；在系统研制过程中，如果没有应用多分辨率洪水演进模型，而计算机按照正常状态运行，CPU在读取高速缓冲存储器的数据时，增加了I/O的读取次数，经过8次运行测试，所需要的平均时间为16.8875s（表6-2）。两种状态下运行情况比较，在图6-9上可以直观地表达出来，应用多分辨率洪水演进模型的

131

系统运行时间远远小于没有应用多分辨率洪水演进模型的系统运行时间。

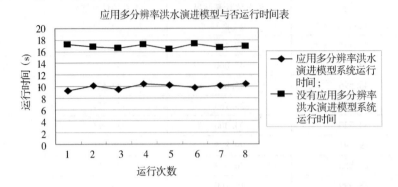

图6-9 有无应用多分辨率洪水演进模型的系统运行时间比较图

表6-5 应用多分辨率洪水演进模型的系统运行测试时间表　　　　单位：s

运行次数	1	2	3	4	5	6	7	8
耗费时间	9.3	10.1	9.5	10.4	10.2	9.8	10.1	10.4
平均时间	9.975							

表6-6 没有应用多分辨率洪水演进模型的系统运行测试时间表　　　　单位：s

运行次数	1	2	3	4	5	6	7	8
耗费时间	17.2	16.8	16.6	17.2	16.4	17.3	16.7	16.9
平均时间	16.8875							

六、结论

由于本系统根据原始的 DEM 地形数据应用积分的方法完全按照实际的地形进行计算，而常规方法把水库的底部作为平面进行计算，因此本系统计算出来的结果比常规方法计算出来的结果更加精确。

经过统计分析，从表6-3和表6-4可知，当水位在107m以上时本系统的库容与淹没面积计算结果和其他两种方法的计算结果相差无几，最多差3.07%，大多数在1%之内。在106~107m，也就是接近死水位1m范围内出现了较大误差。事实上水位降到这个范围的可能性很小，因此这部分误差对本系统的运行不会造成太大影响，另外还可用后面的曲线拟合法修正这部分计算结果。

由于应用了多分辨率洪水演进模型，因此流域水利信息管理系统运行速度明显加快，经过8次运行测试，平均耗费时间9.975s；而没有应用多分辨率洪水演进模型的水利信息管理系统经过8次运行测试，平均耗费时间16.8875s，平均耗费时间节省约7s，相对节约时间为：40.93%。

第七章 实 际 应 用

经过对流域多分辨率大场景模型主要组成部分，即多分辨率地形模型、遥感影像模型的深入研究和探讨后，已经能够清楚地了解到，流域多分辨率大场景模型是实现实时交互绘制的关键。在前面的章节中，已经涉及到的理论和方法在本章节的水利地理信息系统中得到了体现。流域大场景可视化的实时交互性是该地理信息系统的特点，同时也是其他功能拓展的重要基础。除此以外，一个完善的三维虚拟现实地理信息系统，还有很多其他的功能进行支撑。在本章节中对水利地理信息系统进行详细的架构分析。同时，在大场景流域三维可视化的基础上，进行系统的辅助决策、信息查询与分析功能等模块的具体实现和研制。

第一节 研究流域概况

尖岗水库位于郑州市二七区南郊侯寨乡，根据郑州市统一规划，在《郑州市水利信息化一期建设方案》中，明确提出了郑州市水利信息化建设目标和任务，即：建设郑州市防汛指挥中心到县防汛指挥中心、郑州市黄河防办、郑州市城市防办、14 座中型水库和主要河道重点险工段之间的防汛信息高速公路，实现防汛信息、办公信息、内部防汛IP 电话、异地防汛视频会商的互连互通，建设水库、主要河道重点防汛部位的远程视频监控系统，以及城市主要积水点的视频监控系统，初步实现防汛决策科学化、办公自动化、信息发布网络化。在 2004 年的建设基础上抓紧做好一期建设方案中其余部分建设，全面搞好郑州市水利信息化建设工作。

为了响应国家的号召，郑州市决定根据郑州的实际地理条件，按照郑州市规划的实际要求，结合郑州市水利信息化建设的总体规划，郑州市水利局将继续加大水利信息化建设步伐，尽早建设市水利局到其余三县（市）（巩义、新密、中牟）水利局、13座大中型水库、黄河防办、城市防办、郑州市气象局的计算机多业务网络、异地防汛会商视频会议系统和大中型水库重点部位、城区主要积水点的实时视频监控系统，初步实现水利信息化。

由于尖岗水库是郑州市拥有一级水质的最大的天然水库，是郑州市市民生活用水的主要来源。因此尖岗水库的信息化建设是重中之重，水库的管理者决定和华北水利水电大学联合研制郑州市尖岗水库三维虚拟地理信息系统，使尖岗水库的信息化建设再上一个新台阶。

第二节 水利地理信息系统框架

本系统主要由流域大场景漫游、信息查询与距离测量、洪水演进、辅助决策等功能模块组成，在水利信息技术领域为洪水的决策调度、洪水大场景模拟、水利管理的决策提供了较好的支持作用。

水利地理信息系统主要是地理信息系统在水利管理方面的应用，主要是决策支持功能、信息查询功能等功能模块，见图 7-1。

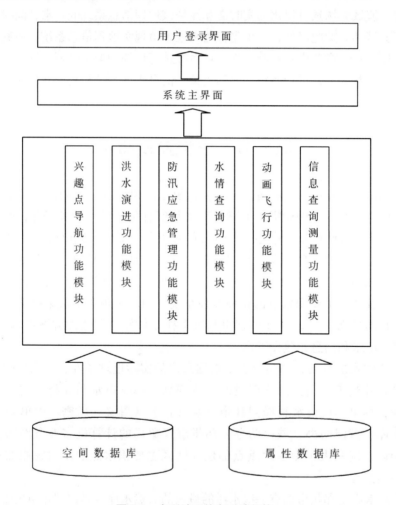

图 7-1 水利地理信息系统架构

1. 大场景漫游

大场景漫游是指用户在较远距离的视野范围内，随着用户观测点的移动而任意漫游浏览全流域场景，见图 7-2。

图 7-2　流域大场景

2. 场景模型浏览

场景模型浏览是指用户在较近距离的视野范围内，可以对流域场景内的任意地物模型进行详细的观察浏览，甚至可以进入到地物模型的内部观察模型内部的结构，见图 7-3。

图 7-3　流域场景模型

3. 其他功能

该系统还有防汛应急管理功能、信息查询功能、洪水场景模拟等模块。防汛应急管理是对水文水资源方面的一系列日常管理事务进行信息化管理，包括洪水预报、库容与淹没面积的计算和模拟等。

第三节 水利地理信息系统设计与实现

系统的主要功能模块有：信息查询与分析、洪水场景模拟、淹没面积和库容计算。

一、信息查询与分析

信息查询模块使用了 ESRI ArcGIS Engine 的 ToolbarControl、TOCControl 和 MapControl 三个控件。ToolbarControl 控件用来容纳各种内置和自定义工具，TOCControl 控件用来管理多个地图图层。MapControl 用来读取和显示库区地图。

MapControl 控件是信息查询模块的核心控件，用来装载和显示地图数据对象，相当于 ArcMap 中的数据视图。这些装入 MapControl 的地图数据对象是在程序设计时指定好的，并且可以指定为链接模式和包含模式。在链接模式下，无论何时创建 MapControl 控件，控件会自动读取从地图文档中读取最新的数据。在包含模式下，MapControl 控件将地图文档中的数据的一个副本复制到控件中，不再显示复制以后更新的地图文档的内容。把地图文档装入 MapControl 控件，可以使用 MapControl 控件的 LoadMxFile 方法。

此窗体 MapForm 从 System. Windows. Forms. Form 继承而来，包括五个主要对象、两个主要方法和一个自定义工具。

五个主要对象分别为 MapControl 控件的实例 MapControl1、ToolbarControl 控件的实例 axToolbarControl1、TOCControl 控件的实例 axTOCControl1、菜单对象 mainMenu1、状态栏对象 statusBar1。

两个主要方法为 MapForm_ Load（）、axMapControl1_ OnMouseMove（）。

MapForm_ Load（）方法用来为 axToolbarControl1 和 axTOCControl1 设置关联控件，为 ax-MapControl1 初始化地图数据，并为 axToolbarControl1 装载工具按钮。部分代码如下：

axToolbarControl1. SetBuddyControl（axMapControl1）；//定义伙伴控件；

axTOCControl1. SetBuddyControl（axMapControl1）；//定义伙伴控件；

axMapControl1. LoadMxFile（sFileName, null, null）；//加载地图文件；

uID. Value = "某个命令的 Guid"；

axToolbarControl1. AddItem（uID, - 1, - 1, true, 0, ESRI. ArcGIS. SystemUI. esriCommandStyles. esriCommandStyleIconOnly）；//定制工具条命令；

axMapControl1_ OnMouseMove（）事件，用来检测鼠标当前坐标，并转化为地理坐标显示在状态栏中。代码如下：

statusBar1. Panels［1］. Text = e. mapX. ToString（" .00"）+ " " + e. mapY. ToString（" .00"）+ " " + " Meters"；//定制状态条。

信息查询模块的点击查询功能通过一个自定义工具实现。此工具对象继承自 ESRI. ArcGIS. SystemUI. ITool 和 ESRI. ArcGIS. SystemUI. ICommand，通过 ToolbarControl 的 AddItem（）方法添加到工具条中。在实现 ESRI. ArcGIS. SystemUI. ITool 和 ESRI. ArcGIS. SystemUI. ICommand 接口时最主要的部分是重写了 ESRI. ArcGIS. SystemUI. ICommand 接口的 OnMouseDown（）事件。用这个事件来处理鼠标的点击，按照给定的容

差值搜索鼠标点击点附近的地理要素。搜索成功后，查询地理要素的属性信息，显示在属性栏中。重写 OnMouseDown（）的代码如下：

ESRI．ArcGIS．Carto．IActiveView pActiveView ＝（处于激活状态）

点击鼠标；

ESRI．ArcGIS．CartoUI．IIdentifyDialog pIdentifyDialog ＝产生新的值

定义地理要素类；

ESRI．ArcGIS．CartoUI．IIdentifyDialogProps pIdentifyDialogProps ＝（ESRI．ArcGIS．CartoUI．IIdentifyDialogProps）pIdentifyDialog；

确定鼠标点击区域；

属性信息显示；

清除层信息；

ESRI．ArcGIS．Carto．IEnumLayerpEnumLayer ＝ pIdentifyDialogProps．Layers；

重新设置层数；

显示层数；

do

｛pIdentifyDialog．AddLayerIdentifyPoint（pLayer，x，y）；//添加 X，Y 坐标；

pLayer ＝ pEnumLayer．Next（）；

｝while（pLayer！＝ null）；

显示信息内容；

在进行数据读取过程中对于一般关系表中的数据，也可以通过 ArcGIS 直接来读取，这为数据的共享提供了极大的便利，对于一些非空间数据通过使用 OLE 方式可以很方便地实现数据访问，业务数据可以位于各种关系数据库中，以下代码是访问位于 Microsoft Access 中的 Custom 表。

//创建一个链接

IPropertySet pPropset；pPropset ＝ new PropertySetClass（）；

pPropset．SetProperty（" CONNECTSTRING"）//创建一个新的工作空间并打开

IWorkspaceFactory pWorkspaceFact；

IFeatureWorkspace pFeatWorkspace；

pWorkspaceFact ＝ new OLEDBWorkspaceFactoryClass（）；

pFeatWorkspace ＝ pWorkspaceFact．Open（pPropset，0）as IFeatureWorkspace；

ITable pTTable ＝ pFeatWorkspace．OpenTable（" Custom"）。

二、洪水场景模拟

洪水场景模拟在 ArcScene 环境中可以实现，提供了制作动画的工具条 Animation 和 IAnimationTracks 接口，通过这些工具可以实现三维动画演示，达到洪水场景模拟的目的。

在 ArcScene 环境中当创建洪水场景模拟层面后应用 Animation Manager 和代码来控制洪水的场景模拟效果。

/// ＜ summary ＞

/// 洪水场景模拟

/// </summary>

定义场景模拟路径

{IFloodRotingModel pFloodRotingModel = 新的洪水模型类;

定义洪水演进模拟类型;

pFloodRotingModel. AnimationType = 动画类型;

pFloodRotingModel. Name = 路径;

pFloodRotingModel. AttachObject（激活摄像机）;

pFloodRotingModel. ApplyToAllViewers = true;

pFloodRotingModel. EvenTimeStamps = false;

pFloodRotingModels. AddTrack（pFloodRotingModel）;}

/// < summary >

/// 停止洪水场景模拟

/// </summary>

public void RemoveFloodRotingModel（string FloodRotingModel）

{IFloodRotingModel pFloodRotingModel;

pFloodRotingModels. FindTrack（路径, out pFloodRotingModel）;

pFloodRotingModels. RemoveTrack（pFloodRotingModel）;}

/// < summary >

/// 演示洪水场景模拟

/// </summary>

public void PlayFloodRotingModel（string 路径）

{Hashtable htKeyTime = null;

bool [ ] TracksEnable = new Boolean [pFloodRotingModels. 计数];

IFloodRotingModel pFloodRotingModel;

for（开始逐一计算）

{pFloodRotingModel = pFloodRotingModels. Tracks. get_ Element（index）as IFlood-RotingModel;

开始模拟;

if（pFloodRotingModel. Name = = 路径）

{ pFloodRotingModel. IsEnabled = true;

htKeyTime = ClsFloodRotingModels. GetKeyTimeTable（pFloodRotingModel. FloodRoting）;}

Else pFloodRotingModel. IsEnabled = false; }

int sumTime = 0;

开始计时;

Do

138

{timeSpan = (DateTime. Now). Subtract (开始时间);

所用时间 = timeSpan. TotalSeconds;

if (所用时间大于持续时间) 则所用时间等于持续时间;

pFloodRotingModels. ApplyTracks (pSceneGraph. ActiveViewer, 所用时间, 持续时间);

pSceneGraph. 刷新; j = j + 1;}

路径计算

三、淹没面积和库容计算

数据计算模块使用 ESRI ArcGIS Engine 的 ToolbarControl 和 MapControl 两个控件。ToolbarControl 控件用于容纳各种内置和自定义工具，MapControl 读取用来进行计算所需的地理数据。

MapControl 控件是数据计算模块的核心控件，用来装载地图数据对象，相当于 ArcMap 中的数据视图。这些装入 MapControl 的地图数据对象是在程序设计时指定好的，并且可以指定为链接模式和包含模式。在链接模式下，无论何时创建 MapControl 控件，控件会自动从地图文档中读取最新的数据。在包含模式下，MapControl 控件将地图文档中的数据的一个副本复制到控件中，不再显示复制以后更新的地图文档的内容。把地图文档装入 MapControl 控件，可以使用 MapControl 控件的 LoadMxFile 方法。此独立 CalForm 窗体从 System. Windows. Forms. Form 继承而来，包括两个主要对象和四个主要方法、事件。

两个主要对象分别为：MapControl 控件的实例 axMapControl1、ToolbarControl 控件的实例 axToolbarControl1。

四个主要方法和事件为：getproarea ()、getvolume ()、axMapControl1_ OnMouseMove ()、axToolbarControl1_ OnMouseMove ()。

getproarea () 方法用来计算当前水位下库区淹没面积。使用了 ArcGIS Engine 的 GeoDatabase 对象库中的 ITin、ITinAdvanced、ISurface 三个接口。其中，ITin 接口用于新建对象，ITinAdvanced 接口的 Init () 方法用于初始化 TIN 数据，ISurface 接口的 GetProjectedArea () 方法用于计算当前水位下的库区淹没面积。Getproarea () 方法的核心代码如下：

ESRI. ArcGIS. Geodatabase. ITin   pTin = (ESRI. ArcGIS. Geodatabase. ITin) new ESRI. ArcGIS. Geodatabase. TinClass ();

ESRI. ArcGIS. Geodatabase. ITinAdvanced   pTinAdv = (ESRI. ArcGIS. Geodatabase. ITinAdvanced) pTin;

pTinAdv. Init (tinPath);

ESRI. ArcGIS. Geodatabase. ISurface   pSur = (ESRI. ArcGIS. Geodatabase. ISurface) pTinAdv;

return pSru. GetProjectedArea ();

getvolume () 方法用来计算当前水位下的库容。使用了 ArcGIS Engine 的 GeoDatabase 对象库中的 ITin、ITinAdvanced、ISurface 三个接口。其中，ITin 接口用于新建对象，ITinAdvanced 接口的 Init（）方法用于初始化 TIN 数据，ISurface 接口的 GetVolume（）方法用于计算当前水位下的库区淹没面积。Getvolume（）方法的核心代码如下：

ESRI. ArcGIS. Geodatabase. ITin pTin =（ESRI. ArcGIS. Geodatabase. ITin）new ESRI. ArcGIS. Geodatabase. TinClass（）；

ESRI. ArcGIS. Geodatabase. ITinAdvancedpTinAdv =（ESRI. ArcGIS. Geodatabase. ITinAdvanced）pTin；

pTinAdv. Init（tinPath）；

ESRI. ArcGIS. Geodatabase. ISurfacepSur =（ESRI. ArcGIS. Geodatabase. ISurface）pTinAdv；

return pSur. GetVolume（）；

axMapControl1_ OnMouseMove（）事件用来获取当前鼠标的坐标转换成地理坐标后显示在状态的右半边。代码如下：

private void axMapControl1_ OnMouseMove（object sender ESRI. ArcGIS. MapControl. IMapControlEvents2_ OnMouseMoveEvent e）｛statusBar1. Panels［1］. Text = e. mapX. ToString（".00"）+"" +e. mapY. ToString（".00"）+ " " +" Meters";｝

axToolbarControl1_ OnMouseMove（）事件的作用同三维地图模块中的同名事件。

数据计算模块中的水深点击式查询功能是自定义工具。此工具对象继承自 ESRI. ArcGIS. SystemUI. ITool 和 ESRI. ArcGIS. SystemUI. ICommand，通过 ToolbarControl 的 AddItem（）方法添加到工具条中。在实现 ESRI. ArcGIS. SystemUI. ITool 和 ESRI. ArcGIS. SystemUI. ICommand 接口时最主要的部分是重写了 ESRI. ArcGIS. SystemUI. ICommand 接口的 OnMouseDown（）事件。用它来处理鼠标在地图上的点击，搜索鼠标点击点附近的 TIN 数据，根据 TIN 数据进行线性内插，计算出点击点的高程值并返回给用户。重写 OnMouseDown（）事件的部分代码如下：

ESRI. ArcGIS. Geometry. IPoint pPoint；

ESRI. ArcGIS. Carto. ILayer pLayer = 鼠标点击位置；

ESRI. ArcGIS. Carto. TinLayer   pTinLayer =（ESRI. ArcGIS. Carto. TinLayer）pLayer；

ESRI. ArcGIS. Geodatabase. ITinAdvanced pTinAdv =

（ESRI. ArcGIS. Geodatabase. ITinAdvanced）pTinLayer. Dataset；

ESRI. ArcGIS. Geodatabase. ITinAdvanced2 pTinAdv2 =

（ESRI. ArcGIS. Geodatabase. ITinAdvanced2）pTinAdv；

ESRI. ArcGIS. Carto. TinElevationRenderer pTinEleRenderer =

（ESRI. ArcGIS. Carto. TinElevationRenderer）pTinLayer. GetRenderer（0）；

pPoint = 水深显示转换

ToMapPoint（x, y）；

double eleTin = pTinAdv2. GetNaturalNeighborZ（pPoint. X, pPoint. Y）；

double depth = pTinEleRenderer. get_ Break（0）– eleTin；

if（水深 < 0）

140

水深 = 0；

屏幕显示鼠标点击当前位置水深；

数据访问实现：

在 ArcCatalog 环境中应用 Personal Geodatabase 建立数据库。Geodatabase 作为 ArcGIS 的原生数据格式，体现了很多第三代地理数据模型的优势，Personal Geodatabase 是基于 Microsoft Access 一体化的存储空间数据和属性数据。Enterprise Geodatabase 通过大型关系数据库和 ArcSDE 实现，ArcSDE 作为中间件把关系数据库中的普通表转化为空间对象。Personal Geodatabase 数据的工作空间指的是扩展名为 mdb 的文件。以下是打开位于 mdb 数据库中的 Water 要素类的代码。

IWorkspaceFactory pFactory = new AccessWorkspaceFactoryClass（）；

IWorkspace pWorkspace = pFactory. OpenFromFile（@ " D：\ ArcTutor \ Monto. mdb"，0）；

IFeatureWorkspace pFeatWorkspace = pWorkspace as IFeatureWorkspace；

IFeatureClass pFeatureClass = pFeatWorkspace. OpenFeatureClass（" Water"）

应用上述软件工具和接口实现了系统的主要功能模块。

第四节　实　　验

经过实际运行和测试，在计算机硬件配置：Windows XP，Xeon（TM）CPU 3.0G Hz，2.0 G 内存的 DELL Workstation 670，NVIDIA Quadro FX 3400 显示卡，the Microsoft Visual Studio 2005，OpenGL 2.0 环境中运行水利地理信息系统。由于在处理原始 DEM 地形数据时应用了实时动态格网层次处理技术，加快了计算机的运行速度。在选取固定飞行路径的条件下，如图 7-4、图 7-5、图 7-6 所示，飞行距离为 2915.22m，飞行速度为 115m/s，视点高度为 8m，应用 6 种不同的分辨率模型进行测试，见表 7-1。采用实时动态格网层次处理技术进行飞行测试和在系统研制过程中对原始 DEM 地形数据进行运行，在选取相同固定飞行路径的条件下，应用 6 种不同的分辨率模型进行飞行测试，飞行时间如表 7-2 所示，两种状态下飞行时间在图 7-7 可以直观地体现出来，应用实时动态格网层次处理技术的系统飞行时间小于没有应用上述方法的系统飞行时间。

表 7-1　6 种不同的分辨率模型

DEM 属性	DEM 属性值					
列和行	29×55	146×277	291×554	727×1385	1453×2769	2905×5538
栅格尺寸（X，Y）	500×500	100×100	50×50	20×20	10×10	5×5
文件未压缩所占用空间大小	6.23 kB	157.98 kB	629.74 kB	3.84 MB	15.35 MB	61.37 MB
DEM 格式	GRID					
空间参考坐标	Krasovsky_ 1940_ Transverse_ Mercator					
单位	m					

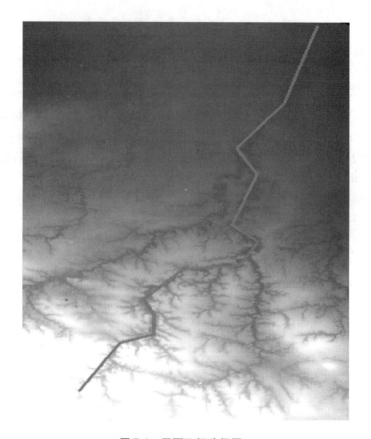

图 7-4　平面飞行路径图

图 7-5　三维飞行路径图

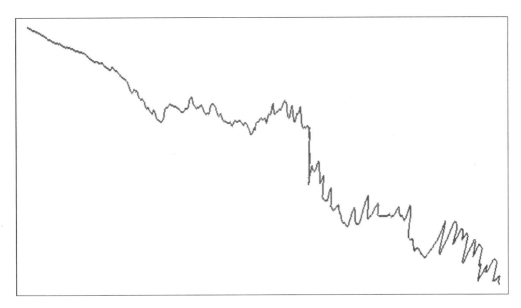

图7-6 飞行路径示意图

表7-2 有无应用实时动态格网层次处理技术飞行时间表

分辨率	500×500	100×100	50×50	20×20	10×10	5×5
本文方法（s）	22.8	23.4	23.9	24.3	24.6	24.8
原始方法（s）	23.7	24.4	25.3	26.3	27.5	29.2

由以上图7-7和表7-2中数据可以得出如下结论：

在选取固定飞行路径的条件下，应用6种不同的分辨率模型进行测试，飞行测试结果表明，采用实时动态格网层次处理技术飞行时间均低于原始数据飞行时间，且随着模型分辨率的逐渐升高，飞行节约的时间更加显著。

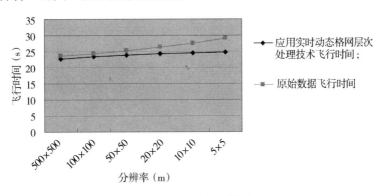

图7-7 飞行时间比较图

第五节 小 结

本章对经过二次开发的水利地理信息系统进行了构架和功能方面的分析，介绍了系统的总体架构设计和主要功能模块设计思路。前面几章中分析和研究的技术方法，如对原始DEM数据应用实时动态格网层次处理技术进行层次划分，在本系统的运行过程中得到了较好的体现，加快了计算机的运行速度，节省了计算机的运行时间。

参 考 文 献

［1］阿尔·戈尔. 数字地球——认识21世纪我们这颗星球［N］. 文汇报. 1998.

［2］张勇传，王乘. 数字流域——数字地球的一个重要区域层次［J］. 水电能源科学，2001.

［3］龚健雅. 当代 GIS 的若干理论与技术［M］. 武汉：武汉测绘科技大学出版社，1999.

［4］李志林，朱庆. 数字高程模型［M］. 湖北：武汉大学出版社，2001.

［5］陈阳宇. 数字水利. 北京：清华大学出版社.

［6］柯止谊. 数字地面模型［M］. 合肥：中国科学技术出版社，1992.

［7］黄杏元，马劲松，汤勤. 地理信息系统概论［M］. 北京：高等教育出版社. 2004.

［8］Rabnovich Boris, Gotsman Craig. Visualization of large terrain in resource limited computing environments. In：Proc. Visualization, 2007.

［9］Kofler M. R-trees for Visualizing and organizing Large 3D GIS Database［D］. Dissertation for Ph. D, Graz University of technology Austria, 1998.

［10］Cignoni P, Puppo E, Scopigno R. Representation and visualization of terrain surface at variable resolution［J］. The Visual Computer, 1997.

［11］Lindstrom P, Koller D, Ribarsky W, et al. Real-time, continuous level of detail rendering of height fields［A］. In：Computer Graphics Proceedings, Annual Conference Series, ACMSIGGRAPH, New Orleans, Louisiana, 1996.

［12］Hoppe H. Smooth view-dependent level-of-detail control and its application to terrain rendering［J］. IEEE Visualization, 1998.

［13］Wang Lujin, Tang Zesheng. Level of detail dynamic rendering of terrain model based on fractal dimension［J］. Journal of Software, 2000.

［14］Sun Hongmei, Tang Weiqing, Liu Shenquan. A kind of dataschedule strategy supporting real time scene simulation［J］. Journal of System Simulation, 2000.

［15］Huang Ye, Chang Ge. The terrain real-time rendering based on LOD models［J］. Journal of Institute of Surveying and Mapping, 2001.

［16］Wang Hongwu, Dong Shihai. A view-dependent dynamic multiresolution terrain model［J］. Journal of Computer-Aided Design & Computer Graphics, 2000.

［17］彭仪普，刘文熙. 实时交互的多分辨率地形模型［J］. 武汉大学学报，2003.

［18］张淑军，陈芳，周忠. 基于四叉树剖分的 LOD 地形绘制算法［J］. 系统仿真学报，2008.

［19］夏旭，周长胜，郑直. 多分辨率下的 LOD 地形简化技术研究［J］. 北京机械工业学院学报，2008.

［20］高辉. 基于 GPU 的大规模地形快速渲染技术研究［D］. 国防科学技术大学，2008.

［21］岳利群，夏青，柳佳佳，陈华，蒋秉川. 一种全球多分辨率地形数据组织管理的方法［J］. 测绘通报，2008.

［22］刘少华，张茂军，张恒. 大规模三维地形场景实时漫游系统的构建. 计算机仿真，2005.

［23］杜莹，武玉国，王晓明，游雄. 全球多分辨率虚拟地形环境的金字塔模型研究［J］. 系统仿真学报，2006.

［24］Shettigara V. A generalized component substitution technique for spatial enhancement of multispectral images using a higher resolution dataset［J］. Photogrammetric Engineering and Remote Sensing，2002.

［25］Haydn R，Dalke G W，Henkel Jetal. Application of the IHS color transform to the Processing of multisensor data and image enhancement［C］. Proceedings of the international symposium on Remote Sensing of Arid and Semi-Arid Lands，Cairo Egypt，2002.

［26］严冬梅. 基于特征融合的遥感影像典型线状目标提取技术研究［D］，中国科学院研究生院博士论文，2003.

［27］肖刚. 多源遥感图像特征信息融合理论及应用研究［D］. 上海交通大学博士论文，2004.

［28］赵书河. 多源遥感影像决策级融合及其应用研究［D］. 南京大学博士论文，2003.

［29］童晓冲，张永生，责进. 基于遗传算法的影像分级决策融合［J］. 遥感学报，2006.

［30］徐建达，王洪华. 基于 IHS 变换和小波变换的遥感影像融合［J］. 测绘学院学报，2002.

［31］魏俊，李弼程. 基于 IHS 变换、小波变换与高通滤波的遥感影像融合［J］. 信息工程大学学报，2003.

［32］伍娟，卢凌，董静. 基于 IHS 变换与直方图匹配法的遥感影像融合［J］. 武汉理工大学学报，2004.

［33］齐敏，郝重阳，佟明安. 三维地形生成及实时显示技术研究进展［J］. 中国图像图形学报，2000.

［34］陈刚，杨明果，王科伟. 地形 TIN 模型的实时连续 LOD 算法设计与实现［J］. 测绘科学技术学报，2003.

［35］李逢春，龚俊，王青. 基于三维 TIN 的精细表面建模方法［J］. 计算机应用研究，2006.

［36］朱庆，李志林，龚健雅等. 论我国 1:1 万数字高程模型的更新与建库［J］. 武

汉测绘科技大学学报，1999.

[37] 刘学军，龚健雅. 约束数据域的 Delaunay 三角剖分与修改算法 [J]. 测绘学报，2001 .

[38] 何俊，戴浩，谢永强等. 一种改进的快速 Delaunay 三角剖分算法 [J]. 系统仿真学报，2006.

[39] 胡金星，潘懋，马照亭等. 高效构建 Delaunay 三角网数字地形模型算法研究 [J]. 北京大学学报（自然科学版），2003.

[40] 孙敏，薛勇，马蔼乃. 基于格网划分的大数据集 DEM 三维可视化 [J]. 计算机辅助设计与图形学学报，2002，14（6）.

[41] 潘志庚. 虚拟环境中多细节层次模型自动生成算法 [J]. 软件学报，1996.

[42] 潘志庚，马小虎，石教英. 多细节层次模型自动生成技术综述 [J]. 中国图形图像学报，1998.

[43] 张建保，杨涛，孙济洲. 基于顶点删除算法的连续多分辨率模型表示 [J]. 中国图形图像学报，1999.

[44] 张明敏，周昆，潘志庚. 基于超包络的三角形网格简化算法 [J]. 软件学报，1999.

[45] 李玲玲. 像素级图像融合方法研究与应用 [D]. 华中科技大学博士学位论文，2005.

[46] Stefan Rottger，Wolfgang Heidrich，Philip Slasallek，et al. Real-Time generation of continuous levels of detail for height fields [A]. Proceedings of the international Conference in Central Europe on Computer Graphics and Visualization，2007.

[47] Alain Pietroniro and Terry D. Prowse. Applications of remote sensing in hydrology. Hydrol. Process，2002.

[48] Jain, S. K., Singh, R & Seth, S. M. Assessment of sedimentation in Bhakra Reservoir in the western Himalayan region using remotely sensed data [J]. Hydrological Sciences Jounral，2002.

[49] 韩玲. 多源遥感信息融合技术及多源信息在地学中的应用研究 [D]. 西北工业大学博士学位论文，2005.

[50] 张易凡. 多光谱遥感图像融合技术研究 [D]. 西北工业大学博士学位论文，2006.

[51] 李晖晖. 多传感器图像融合算法研究 [D]. 西北工业大学博士学位论文，2006.

[52] 胡旺. 图像融合中的关键技术研究 [D]. 四川大学博士学位论文，2006.

[53] 曹广真. 多源遥感数据融合方法与应用研究 [D]. 复旦大学博士学位论文，2006.

[54] 刘纯平. 多源遥感信息融合方法及其应用研究 [D]. 南京理工大学博士学位论文，2002.

[55] Chavez P S，Sides S C，Anderson J A. Comparison of Three Difference Methods to

Merge Multiresolution and Multispectral Data：Landsat TM and SPOT Panchromatic ［J］，Photogramm. Eng. Remote Sensing, 1991.

［56］占自才. 采用 IHS 变换和灰度值匹配进行多波段影像融合 ［J］. 南昌工程学院学报, 2005.

［57］王海晖, 彭嘉雄, 吴巍, 李峰. 多源遥感图像融合效果评价方法研究 ［J］. 计算机工程与应用, 2003.

［58］Florian Schroder. Patrick Robbach. Managing the complexity of digital terrain models. Computer&Graphics, 2004.

［59］W. J. Schroeder et al. Decimation of triangle meshes. Computer Graphics, 2004.

［60］P Cignoni et al. Representation and visualization of terrain surfaces at variable resolution. The Visual Computer, 2006.

［61］Peter Lindstrom et al. Rear-Time continuous level of detail rendering of height fields. In：Proc. Visualization, 2006.

［62］J. Xia and A. Varshney. A dynamic view-dependent simplification for Polygonal models. In Proceedings IEEE Visualization, 2006.

［63］Freksa C. and Barkowsky, T. On the Relations between Spatial Concepts and geograpghic Objects. In PETER A. BURROUGH and ANDREW U. FRANK（Eds）, Geographic Objects with Indeterminate Boundaries, Taylor & Francies, 1996.

［64］William J. Schroeder. A topology model flying Progressive decimation algorithm. In：Proc. Visualization, 2004.

［65］Zhifan Zhu, Raghu Machiraju：et al. Wavelet Based multiresolution representation of computational field simulation datasets. In：Proc. Visualization, 2005.

［66］M. H. Gross, R. Gatti et al. Fast multiresolution surface meshing. In：Proc. Visualization, 2007.

［67］彭仪普. 地形三维可视化及其实时绘制技术研究 ［D］. 西南交通大学工学博士学位论文, 2002.

［68］友兵, 潘志庚, 石教英. 视点相关的地形 LOD 模型的动态生成算法 ［J］. 软件学报, 2006.

［69］张立强. 构建三维数字地球的关键技术研究. 中国科学院研究生院博士学位论文 ［D］, 2004.

［70］许妙忠. 虚拟现实中三维地形建模和可视化技术及算法研究 ［D］. 武汉大学博士学位论文, 2003.

［71］于文洋. 面向数字地球的三维景观构造关键技术研究 ［D］. 中国科学院研究生院博士学位论文, 2006.

［72］马建明. 江河防洪模拟软件系统几个关键技术研究及实现 ［D］. 中国水利水电科学研究院博士学位论文, 2003.

［73］肖乐斌, 钟耳顺, 刘纪远. 三维 GIS 的基本问题探讨 ［J］. 中国图像图形学

报，2001.

　　[74] 芮孝芳. 水文学原理［M］. 北京：中国水利水电出版社，2004.

　　[75] 张辉，唐新明，吴侃. 基于地理坐标框架下的地物与地形匹配解决方案研究［J］. 测绘科学，2007.

　　[76] 张续红，苏建明. 虚拟现实技术在城市规划仿真中的应用［J］. 计算机仿真，2003.

　　[77] 程伟平. 流域洪水演进建模方法及河网糙率反分析研究［D］. 浙江大学博士学位论文，2004.

　　[78] 梅安新. 遥感导论. 北京：高等教育出版社，2001.